精萃咖啡

CRAFT
COFFEE

A MANUAL

brewing a better cup at home

深入剖析10種咖啡器材，

自家沖煮咖啡玩家最佳指南

著 —— **潔西卡・伊斯托 Jessica Easto**　　**安德列・威爾弗 Andreas Willhoff**

譯 —— **盧嘉琦**（國際咖啡評審・興波咖啡共同創辦人）

目錄

前 言

手工精萃咖啡這個主題可以很極端。在美國，咖啡長久以來都是廉價的買賣，方便取得卻品質低劣。對許多移民者而言，咖啡宛如拿來喝的燃料，讓他們能在早上整裝待發。就算只有短暫的一刻也好，咖啡讓他們忘記自己（歐洲人的）精神正緩慢地被西方這塊土地潛移默化。咖啡怎麼可能好喝？十九世紀有好長一段時間因為沒有合適的器具，咖啡也「沒辦法」好喝。人們用平底鍋將咖啡烘得焦焦的，然後用水煮沸（再加上糖和奶精）。西元 1800 年晚期，廠商開始用各種穀物製造假的咖啡，但人們即使知道那是假的，仍繼續購買，直到他們發現那些添加物通常是真的有毒，像是含有砒霜和鉛。後來出現了方便、事先研磨好的咖啡，而因為咖啡粉很快就變得不新鮮，真空包裝也隨之出現。但咖啡粉和真空包裝都差不多，只是行銷噱頭罷了。咖啡就是粗糙、方便、廉價，這樣的觀念在美國人心中根深蒂固。當有人開始談起好喝但是稍微沒那麼方便，價格也較高的咖啡時，有些人就覺得頭皮發麻。

就讓他們頭皮發麻吧！我們還是可以讀這本書，煮好喝的咖啡。

剛走上咖啡之路時，我並沒有打算認真地尋求一杯完美的咖啡。相反地，在接觸手工精萃咖啡之前，我走的路十分迂迴，而且滿佈無知與獨斷。在成長過程中，由於雙親不喝咖啡，所以我也極少接觸。念高中時，我在學校附近的餐廳第一次點咖啡就點了黑咖啡，我不知道原來當時很多人認定咖啡是難喝的飲料，必須加糖和奶精才能喝下肚。我卻毫無怨言地接受了那杯沖得又淡又苦的黑咖啡，從此以後我成了喝黑咖啡的人。就因為沒有甜甜的糖和奶

精幫倒忙，我很快就發現不同的咖啡有不同的滋味。我知道餐廳的咖啡和星巴克的咖啡非常不同，而星巴克的咖啡又與我家當地獨立咖啡館的咖啡不同——只是我從沒想過要去追究原因。

我的住處附近從來沒有咖啡館提供手工沖煮的咖啡——當時我甚至不知道這種咖啡館的存在，也不知道手工沖煮方式與機器之間的品質差異。我在念研究所時買了第一套手沖器材，畢竟只是為了每天早上煮一杯來喝，買一大台機器似乎既浪費又沒必要。我試著摸索那套器材的使用方式，但似乎只有偶爾能沖煮出顯著超越我高中附近那間餐廳的咖啡。然後有一天，我的朋友安德列（現在是我的丈夫）來找我，看到我有手沖器材，而他剛好是個咖啡師。他見我從未花時間學習如何好好使用器材，便教了我幾招簡單就能改善沖煮的方式。於是我發現，原來當我們手工沖煮咖啡，便能控制、甚至是每次都有把握沖出最好的咖啡。對我來說，這就是啟蒙。

我和安德列從研究所畢業後搬到芝加哥，那時獨立烘焙廠和咖啡館已經蓬勃發展了好些年。想品飲來自世界各地的咖啡豆，或以各式各樣器材沖煮出高品質咖啡都變得容易許多。現在的咖啡風味豐富、滑順、飽滿，和我當年喝到的第一杯黑咖啡截然不同。

多數人通常認定餐廳的咖啡還有很大的改進空間，轉而到星巴克（Starbucks）和皮爺咖啡（Peet's Coffee）等連鎖店尋找更好的選擇。然而對很多人來說，人生第一次嚐到滑順、風味豐富的高品質咖啡，都是來自小型獨立咖啡館。接著他們就會試著在家裡沖煮一樣的豆子，但是卻總是無法重現咖啡館裡的風味。這使得他們求助無門。透過網路搜尋，大量的資訊充滿矛盾，很難藉此尋求改善。那麼問咖啡師呢？咖啡師可能會導致另一難題——咖啡的世界

使用很多術語，想像你進入任何一個全新的社群後，裡面的成員都是用密碼與他人交談，要你接近一個專家問他問題，可能會蠻可怕的，尤其咖啡這個產業很不幸地又以傲慢聞名（雖然通常是被冤枉的）。

即便今日許多咖啡師努力想改變這樣的觀念，但是在專業的咖啡領域裡，仍存在某些假設：咖啡喝起來應該這樣、應該這樣煮、應該這樣思考。實際上，這些假設並非只有一個正確答案，如果硬要堅持，對於我們這種充滿好奇心、在家沖煮咖啡的人來說並無好處。我們都喜歡好咖啡，但是我們不需要喜歡一模一樣的咖啡。

而且有些專業沖煮手法在自家廚房裡不一定適用，甚至沒必要。因為要從科學角度解釋咖啡，我們大家所知相對稀少——有太多錯誤資訊，常常是缺乏證據支持的技巧和手法，甚至連專業咖啡師也可能受到影響。

這本書並非以一個咖啡專家的角度書寫，而是從我的觀點出發——身為一個咖啡愛好者與在家沖煮咖啡的人，一切都是從和我住在一起的咖啡專家那裡聽來的。我不會預設你的咖啡常識、預算或是熱情程度。相反地，我知道咖啡愛好者有其分佈範圍，你只需要（1）找出你落在哪個範圍；（2）作出對應的咖啡決定。這本書探討所有關於咖啡的知識，並提供引導、觀點、實際建議，合理地加進我自己整理得來的意見後，幫助你做那些決定，進而建立你自己的喜好。我的目標是要提供你最基本的知識，讓你走出自己的路去尋找自己最完美、好喝的那杯咖啡。只要找出你想要的資訊就好，其他可以不管。

如何使用本書

這本書的編排和其他的咖啡書籍有一點不同。第一章是當你要改善在家的沖煮成果時，我認為最重要的資訊：徹底了解萃取的科學及其變因。了解咖啡背後的理由之後，沖煮時才會知道如何改善不怎麼樣的咖啡豆，進而每天持續穩定沖煮出好的風味。決定好使用的設備、沖煮器材、咖啡豆之後，就可以藉由沖煮咖啡的基本原則去控制你的沖煮過程。因此當你準備在咖啡粉上注水之前，我認為你應該先讀過一遍這些基本原則。畢竟這本書是在講「沖煮」咖啡，在讓你了解沖煮的基本之前，沒理由用咖啡豆如何生長來分散你的注意力。

第二章會引導你去選擇適合你的咖啡器材。就像其他嗜好一樣，煮咖啡也需要一些特定的設備。咖啡產業熱愛設備，市場上隨時有新穎的器材和玩意兒。但它們全都是必要的嗎？並非如此。事實上你很可能只會用一種器材沖煮（即使你像我一樣擁有一堆器材），所以購買最適合自己生活方式、品味、預算的器材至關重要。

想當然耳，並非所有的沖煮器材用起來都一樣，也不會沖出一樣的咖啡。每一種器材上桌後各有優缺點，對杯中品質也有不同的影響。這一章節列出兩個主要的沖煮方式：手沖與完全浸泡。另介紹 10 種不同的手動沖煮器材，並且考慮到當你要選擇器材時會特別在意的因素：使用的簡易程度、是不是很容易買到，以及要花多少錢。但是，光有沖煮器材起不了作用，想在家裡沖煮出媲美咖啡館品質的咖啡，你還必須將其他的設備考慮進來，像是濾器、磨豆機、秤、手沖壺……當你要使用某個特定器材沖煮或是／以及要達到你對咖啡的喜好要求時，這些設備可能必要也可能非必要。第二章我們也會談

到這些相關工具。

決定好你的器材及其他咖啡硬體之後，你才要開始去考慮咖啡豆。第三章會探討高品質咖啡豆的複雜世界，不同種類的咖啡豆、種植的環境、精製的方式、烘焙的方法，都會讓彼此之間的味道產生很大的差距。就我的經驗而言，豆子通常是咖啡專家和玩家之間最大的知識代溝所在，所以這一章會告訴你必要的咖啡豆知識，並且幫助你建立自己的咖啡豆字彙。一旦你大概知道自己可能喜歡的咖啡豆種類，第四章會進一步解釋如何真正地找到並且購買高品質的咖啡豆，如果你不知道要去哪裡找或是不知道從何找起，那麼這將會是一個挑戰。等到你終於拿到咖啡豆，新的挑戰也隨之而來──對咖啡包裝袋上面的標籤進行解碼。所以這一個章節結束前，你會學習到如何解釋咖啡包裝袋上的術語，同時了解該如何在家中保存那些精心挑選的豆子。

接下來，在第五章我會談到咖啡的風味以及如何建立你的味蕾。我把這個章節裡的資訊當作額外知識，因為事實上你只要喝喝看就知道自己喜不喜歡一杯咖啡，並不需要去了解其中理由。但是，建立咖啡風味認知並認識風味如何產生，將幫助你更快地找到你可能會喜歡的咖啡，還可以和他人溝通自己的喜好，讓一切開始變得非常有趣。這麼一來，當你開始在家沖煮與品飲之前，就知道自己應該尋找什麼風味的咖啡。

一旦有了器材、咖啡豆，以及大概掌握自己喜歡的風味之後，就可以準備開始沖煮了！最後一章針對第二章提到的十個沖煮器材，提供經過實測的操作說明以及規格資訊。有些器材有多種使用方式，我在每種沖煮方式旁標上了推薦搭配使用的相關工具圖示。學到新的咖啡知識後，你就能在每天早晨沖煮出風味穩定的咖啡。

在整本書中，我會提出設計來幫助你改進咖啡風味的各種小技巧和測試。為了更方便使用，書末的附錄，列出沖煮咖啡常見的錯誤，以及如何在下次沖煮時進行調整。

濃縮咖啡在哪裡？

大部分的咖啡書籍都會涵蓋濃縮咖啡與牛奶的篇幅。我刻意將它們排除在外。為什麼呢？因為這本書的重點是要證明一般人不論他們的預算、技術或熱情程度如何，都能在家煮出卓越的咖啡。若是沒有昂貴的設備，我認為很難沖煮出卓越的濃縮咖啡。即使從網路上買一台500美元的濃縮咖啡機也很難達到水準，而專業級咖啡機則超過多數人的購買能力。濃縮咖啡機很怕水垢，所以如果沒有花錢在濾水系統上，你要不是毀了你的機器，就是煮出難喝的咖啡，或者以上皆是。最後，一杯好喝的濃縮咖啡需要經過不斷地微調，一丁點差異就會成就或毀了風味。專業的店家會花上一天微調他們的濃縮咖啡，對一個在家沖煮的人來說，一個早上要連萃好幾劑濃縮咖啡才能得到你要的，這似乎不太實際。另外，這本書其實已經太多字了。

一波波咖啡浪潮

根據美國國家咖啡協會（National Coffee Association of USA）2014 年的一份報告，高達 61% 的美國人每天都會喝咖啡。雖然我們可能沒有意識到，但是咖啡其實與美國的歷史密不可分。由於英國在 16 世紀引進咖啡，所以咖啡從英國殖民時期之初開始就佔有小小的地位，但是要到 1773 年的「波士頓茶葉事件」爆發後才流行起來。當時因為政治情勢，政府鼓吹拒喝伯爵茶，

大眾因而轉而投入咖啡的懷抱。88 年後，《紐約時報》報導了一項類似的稅制提案，這次是針對咖啡的進口，目的則是為了籌募戰款，該則報導寫著：「每一位愛國的市民皆認為，在這個艱難的時刻支持政府、為了維護聯盟的整體性而做出可能必要的奉獻，是一項神聖的使命。」根據該篇文章，那個時期美國的咖啡消費量相較於其他國家已經高出許多，甚至占世界產量的四分之一。

業界專家經常將美國咖啡飲用的歷史分成三波，第一波咖啡浪潮始於 1800 年代，那時全球的咖啡飲用量暴增，至少在美國這裡像是麥斯威爾（Maxwell House）、希爾思兄弟（Hills Bros）和福爵咖啡（Folgers）等咖啡大牌，都開始有了知名度。大致而言，這個時期的咖啡在快速、便利、咖啡因的驅使下，市佔率比品質更重要。這些公司大多販售商業咖啡，也就是可以在商業市場上買賣的咖啡，如同小麥、糖以及其他歸類為「軟性期貨」的商品一樣。軟性期貨的買賣要透過期貨交易所，例如紐約商業交易所（New York Mercantile Exchange）、洲際交易所（Intercontinental Exchange）。無論當時或今日，商業咖啡都有著複雜的網絡，由出口商、進口商、投資人、買家、賣家組成；同時又因為各種理由，包括與政治、天候、投機相關原因造成的變數，也影響著咖啡的價格。賣給大眾的商業咖啡在過去和現在都不是最高品質的，然而綜觀美國的咖啡歷史，老實說，咖啡的品質並不是考量重點。

終於，許多人發現市面上的商業咖啡並未經過品質檢驗，大眾對低品質咖啡的反感與日俱增，因此推動了第二波咖啡浪潮。其中的推手包括皮爺咖啡、星巴克等公司，他們開始強調新的重點：品質和社群。大致說明一下時間軸：1966 年皮爺咖啡在加州柏克萊開設第一家店，星巴克則於 1971 年在華盛頓州的西雅圖成立創始店；1978 年，一位從祕書轉行為咖啡經紀人（Coffee broker）的傳奇人物娥娜 ‧ 努森（Erna Knutsen），開始專門向獨立烘焙商銷售來自特定產區的高品質咖啡豆。她發明了「精品咖啡」一詞，藉此為買賣目標做出更好的詮釋：為每一支咖啡豆定義其獨特品質。為了達到這個目標，她必須重新強調合適的處理法、烘焙、製備——簡而言之，這就是精品咖啡。

從那之後，精品咖啡的哲學和語言越來越流行，1982 年美國精品咖啡協會（Specialty Coffee Association of America，現在普遍簡化為 Specialty Coffee Association，SCA）成立，協助這個快速成長的產業制定標準，並幫助其會員溝通、創新、成長，將高品質咖啡行銷給消費者。一路上，精品咖啡的概念和經驗成功擄獲了一群人，他們願意多花點錢買單，而且這個群眾的數量越來越多。1987 年到 2007 年之間，星巴克平均每天成立兩家新的分店。

精品咖啡大幅改變了某些咖啡的買賣方式。大部分的精品咖啡沒有在商業市場上進行販售或買賣，相反地，多數精品咖啡公司經常與生產者直接簽約。而有些規模較小的烘焙商則會向專門尋找高品質生豆的進口商買豆子。同時，精品咖啡館極度流行（最近的調查估計，相較於 1991 年的 1650 家，美國現今的精品咖啡館已超過 31000 家），從消費者的角度來看，大眾熱衷的咖啡館體驗，無疑對這個顯著的成長起了舉足輕重的作用。不過對某些人來說，在精品咖啡館中獲得的體驗，意義可能已經超越咖啡的品質了。

於是，當業界許多人指出我們現在正處於第三波咖啡浪潮之中時，或許並不令人意外。2002 年，鐵球咖啡館（Wrecking Ball Coffee Roasters）的崔西 ‧ 勞斯蓋博（Trish Rothgeb）首次使用這個名詞，用以描述越來越多的進口

商、烘焙商、咖啡師率先將咖啡豆視為工藝級食品，就像人們對待起司、紅酒，以及（最近的）啤酒。為了完成這個使命，第三波咖啡專家們通常會採納某些新的理念。他們歌頌每一支豆子的獨特性，導入新的烘焙手法，將豆子烘得比傳統來得淺許多──對消費者來說，或許這是第二波和第三波之間最明顯的差異。除此之外，他們越來越強調加強咖啡的教育和品質。這為咖啡產業中各個環節的人士──從生產者到烘焙商、咖啡師──帶來了新的研究、計畫及認證，目標都是為了分享有助於咖啡製作過程中每個階段的知識與技術。多數第三波專家也重視商業道德和透明化，致力於與過去處於弱勢的生產者進行公平交易。第三波希望透過合理的補償，以及將其咖啡妥善呈現給消費者的方式，讓努力工作的咖啡生產者得到應有的尊重。

可恨的咖啡術語！你聽得懂嗎？

像我們一樣的消費者，已經花了大約40年去習慣第二波精品咖啡的語言和風格，尤其是像星巴克那些大型連鎖咖啡店，當我在我母親眼中仍是個小不點時就已如臨盛世。我們知道精品咖啡的存在，咖啡因在我們的血管裡流動，餘韻在我們的舌尖流連。然而，至少對普羅大眾來說，第三波咖啡的語言和風格卻是全新的世界。隨著第三波咖啡持續展開，第二波咖啡開始引進第三波咖啡的操作，感興趣的人們也越來越多。現在有全新的技術和語言要了解，但是咖啡專家們卻不擅長與我們溝通。充滿神祕感的世界讓我們緊張、恐懼。我寫這本書的其中一個理由，就是想消除這種緊張和恐懼。咖啡不該如此神祕。

精品咖啡與手工咖啡

業界的專家和商業組織使用「精品咖啡」這個詞，以區分符合他們所設定之特定標準的咖啡與市場上大多數的商業豆。同樣地，他們使用「第三波」這個詞去特別形容最新的咖啡世代，在精品咖啡這把大傘下，他們強調手工和道德精神。換句話說，第二波、第三波咖啡都是精品咖啡，只是兩者意識形態有所不同。

雖然我的理念與第三波不謀而合，在這本書裡我盡量不使用「第三波」這個名詞。第一，這個名詞不夠具體。「第三波」一詞本身不僅無法說明這個浪潮的定義與特色，還不甚精確。第二，這個名詞已經被媒體略帶貶義地去形容千禧世代、文青為了不知所謂、裝模作樣的理由，喝著時髦、吹毛求疵、不值那個價錢的咖啡，將簡單的事情搞得很複雜。不過，接下來我將說明，把咖啡弄得稍微複雜一些其實是一件好事。

當然就原料來說，咖啡再簡單不過。但是咖啡豆本身卻極度複雜，即便透過科學層面分析，仍無法完全弄清楚當中數以千計的成分。考古證據顯示人類釀造紅酒的歷史已經大約 8000 年、釀造啤酒約 7000 年。然而咖啡一直到十五世紀才有人去萃取、飲用。這表示比起紅酒和啤酒，人類對於咖啡落後了 6000 ～ 7000 年的知識和修練。別說沖煮出好咖啡了，光是沖煮咖啡的概念都顯得相對新穎。比方說，咖啡農法和處理法無時無刻都在進化；烘焙的藝術——烘焙師們如何計劃性地去控制咖啡中的化合物以展其風味，以及我們企圖自咖啡豆萃取出風味，發展出完美的沖煮手法，兩者都處於初期發展階段。

雖然努力還在進行中，企圖改善咖啡（進而增添咖啡複雜度）的努力已證實有效：在人類歷史上，咖啡已經達到前所未有的美味！而且人們也注意到了。今日，追求好咖啡的人數達到巔峰，大眾激盪出數以百計的想法，甚至刺激第二波浪潮裡具有影響力的人物紛紛投下巨額成本，將咖啡推進至所謂的第三波浪潮裡，他們收購如位在芝加哥的「知識份子咖啡」（Intelligentsia Coffee）一般具有影響力的公司，也效仿星巴克的精神，推行冷萃咖啡、咖啡果乾糖漿、典藏系列。的確，許多人還是認為咖啡不可能會好喝，但是也有越來越多人（包括你）則認為咖啡沒道理難喝。

話雖如此，讓咖啡好喝仍需要技術──農民、生產者、烘豆師、咖啡師都必須擁有各自相應的技術。種植、處理、烘焙、沖煮，在某種程度上都屬於手工，皆是需要經過研究與學習的技藝。而本書將重點放在最後的階段：沖煮，這也是最仰賴技巧的技藝之一──你將會學到如何親手沖煮一杯咖啡，而不是使用機器。

以上長篇大論的重點就是：我認為咖啡是一項手工技藝，而咖啡專家和愛好者都是技藝職人。這也是為什麼我認為第三波咖啡在本質上應該叫做「手工咖啡」。這個名詞更精確，也更合適。「手工」一詞指的是具有程度的技藝和研究，而且是手工的技藝和手工的研究。這個詞也暗示了小規模，手工咖啡的市佔率雖然小，卻具有很大的意義，大到連咖啡大廠都懷疑起自己是否流失了市場上的某些客群。所有的手工咖啡都是精品咖啡，但是並非所有的精品咖啡都是手工咖啡。手工咖啡僅占咖啡豆全年生產量的一小部分，其中大部分採行小批次精心烘焙。截至我在寫這本書的時間點，美國四家最

大的手工咖啡企業旗下的店鋪相加起來也不過 52 間，而光是星巴克就擁有 25085 家分店！

另一個我喜歡「手工」這個詞的理由，是它並不會像「第三波」暗指好咖啡是現代咖啡愛好者所發現。我們必須謹記追求咖啡品質並非 21 世紀的專屬現象。早在咖啡存在之初，人們便孜孜不倦地試圖改善自家沖煮的風味，以求解開豆子的祕密。在過去，那些人也許會感到努力根本只是徒勞（想像一下要跟牛仔或是淘金客們解釋萃取的科學？他們可能會將咖啡放在製作起司的紗布裡煮，直到布碎開為止）但是時至今日，我們真的要好好感謝解決這些問題的人。

1922 年，一位上述解決問題的人，也是一位咖啡愛好者——威廉・H・烏克斯（William H. Ukers）終於出版了他花了 17 年撰寫的 700 頁著作《All About Coffee》（暫譯：關於咖啡的一切）。他在書中提到，雖然總括而言美國的咖啡製備已有進步，他仍希望很快地「咖啡在美國能變成一種榮耀，而非像從前一樣是國家之恥。」95 年過去了，我們此時此刻仍抱持同樣的希望。不論你選擇以什麼角色參與，希望這本書能幫助你加入烏克斯，成為解決問題的人。

第一章

沖煮的基本功

在增進沖煮功力之前，你得先知道水碰到咖啡會發生什麼事。在這個章節裡，記得時時提醒自己，咖啡是簡單的，或者應該說，沖煮咖啡是簡單的，咖啡豆本身卻不然。當你花越多時間試著了解咖啡豆，就會發現它顯得更複雜。咖啡豆好像想盡辦法在為難你。豆子天生就不是一致的，要想沖一杯好咖啡，就必須將其中的不規律性算進去。這個章節會介紹咖啡的不一致性，並且基於產業和科技提供的大量知識，歸納出熱水和咖啡是如何互動而形成深得人心的飲料。同時也解釋要如何（以及為什麼要）利用像是沖煮比例、粉量、研磨粗細度等控制變因，將你的沖煮最佳化。一旦對這些概念有了紮實的理解，你就能日復一日地沖煮出理想中的咖啡。從最基礎的層面去了解咖啡，除了幫助你排除不盡理想的沖煮要因之外，也能讓你在挑選器材和咖啡時，做出更符合自己生活方式及喜好的決定。

萃取

「萃取」就是將咖啡粉裡的風味和質地化合物——如不可溶的油脂、可溶的氣體、不可溶的固體和可溶的固體——轉化為咖啡液的過程。換句話說，就是將水變成咖啡的過程。當然你大可不用為了沖一杯咖啡去了解萃取背後的運作機制，直接放手任意地注水。但是如果你想在確定自己喜愛的風味後，日復一日地重現它，那麼紮實的萃取知識就派上用場了。你所做的決定——器材、濾器、方法等——都將影響你的萃取，如果對於基本知識沒有紮實的認知，那麼之後要掌握沖煮因素就會困難重重。先來看看幾種廣義分類的咖啡化合物，當咖啡接觸到水時，這些化合物就會活過來：

- **不可溶油脂**：這些油脂存在於咖啡豆中，卻不溶於水。使用金屬濾器沖

煮出來的咖啡較容易看見不可溶的油脂，這些油脂大部分（或者說幾乎）都可以用濾布、濾紙過濾掉。不可溶的油脂會影響咖啡在口中的感受。比方說，人們通常形容油脂較豐富的咖啡為「鮮奶油般的」或「奶油般的」。仔細看，任何一杯咖啡（尤其是放了一會兒的咖啡）表面幾乎都浮著一層微微斑斕的油，就是來自不可溶油脂。

- **可溶氣體**：這些氣體在萃取的過程中會溶解在水裡，是咖啡香氣的主要來源。比方說一杯咖啡聞起來可能像藍莓，或是帶點泥土味，像是乾草。不同的可溶性氣體在不同的溫度下釋放，因此你會發現咖啡在變冷的過程中，香氣也會一直改變。而你可能也已經知道香氣和味道息息相關，不斷變化的香氣就是咖啡冷卻後喝起來味道不同的主要原因之一。

- **不可溶固體**：這些是不溶於水的物質，像是大蛋白質分子和細微的咖啡粉末（通常稱為細粉）。和不可溶油脂一樣，不可溶的固體會影響咖啡在你口中和舌頭上的感受。比方說，含有很多不可溶固體的咖啡可能會帶有沙沙的口感。較受歡迎的沖煮器材多半都會使用濾器，將大部分不可溶固體從你的咖啡裡過濾掉。

- **可溶固體**：這些物質在萃取時會溶進水裡，它們決定了咖啡喝起來的酸甜苦鹹鮮，因此特別重要。簡言之，可溶固體大致決定了咖啡的風味。

水將上述化合物從咖啡粉裡萃取出來，熱則加速這個過程（冷水也能萃取，只是花的時間長許多）。萃取可區分成三個階段：首先，用熱水潤濕咖啡粉表面，將二氧化碳（烘焙過程中的副產物）排出。這就是為什麼在沖煮新鮮度良好的咖啡時，咖啡粉層看起來好像在呼吸一樣（也稱為悶蒸時的膨脹）。

二氧化碳會成為咖啡粉和水之間的阻礙，所以在繼續沖煮之前，最好暫停一下，讓一些氣體消散掉。接著，可溶氣體和可溶固體開始溶解在熱水中，創造出別具特色的咖啡香氣、風味。最後，一旦這些物質溶解了，滲透現象便會將它們從粉層中帶出來。

不過，這些化合物不會在同一時間溶解，咖啡含有許多不同的可溶固體，其溶解速率各有差異，也會為杯中咖啡帶來不同的風味。以下是一些比較重要的物質：

- **果酸**：屬於最小的風味分子，通常會最先溶解，為杯中帶來果香和花香。如同其名，果酸提供一杯咖啡酸的感受，但是如果濃度太高，就會讓咖啡喝起來帶有難以入喉的酸味。

- **梅納化合物**：這些物質是在烘焙過程中（詳見第144頁）由梅納反應產生，梅納反應產出數以百計的化合物，科學上仍在研究這些化合物究竟如何影響風味和香氣。有些科學家說梅納化合物能為你的咖啡帶來各種味道，從穀物、堅果、麥芽，到煙燻、肉味，或是焦糖風味。

- **焦糖化／焦糖**：這些分子同樣是在烘焙過程中產生，因咖啡豆含有天然的糖，豆子受熱後焦糖化的緣故。有些專家認為，這些分子有助於我們在咖啡裡嚐到甜感。這些分子溶解的時間比果酸來得長一點。稍後也將提到，咖啡烘焙時間越長，焦糖化的程度就越高。如果再繼續烘焙下去，糖分就會脫離焦糖的領域，進入碳化的世界──也就是說，豆子燒焦了。焦糖化程度較低的糖分（嚐起來較甜）會先溶解，而高度焦糖化的糖分（嚐起來苦甜）則需要較長時間溶解。這也是烘焙程度較深的咖啡喝起

來容易偏苦的部分原因——因為深焙咖啡裡一開始可以溶解的糖分較少。咖啡裡的甜感通常充滿巧克力、焦糖、香草或是蜂蜜調性。

- **乾餾**：烘焙過程中梅納反應和焦糖化反應下產生的分子，多半來自焦焙階段。因此顯然地，它們在深焙咖啡裡較普遍，而且帶來菸草、煙燻、碳化般的風味。乾餾分子通常也會使得咖啡嚐起來比較苦。此外，這些分子雖然溶解得最慢，但是卻非常強而有力！即使含量低，它們也能蓋過其他風味，讓整杯咖啡喝起來只剩下苦味。

萃取的目標是要達到一杯均衡的咖啡——也就是說，這杯咖啡裡被溶解出來的化合物程度恰當，酸、甜、苦味呈現出讓人愉悅的綜合感受。說來奇怪，這些可溶解的固體個別嚐起來都不甚美味（詳見第 18 頁的實驗），要達到恰到好處的平衡並不容易，彷彿像在煉金。其中一項與時間有直接關係，如果你的咖啡粉與水接觸的時間不夠長，那麼除了果酸以外的其他許多可溶固體，都沒機會溶解。沒有其他風味去稀釋果酸的酸質，並增添複雜度的話，咖啡喝起來就會有酸臭味、令人不悅，也可能很乏味。這代表你沒有足夠地萃取咖啡，我們稱為「萃取不足」。反之，如果咖啡粉與水接觸的時間過長，這時的風險是咖啡裡會有較高濃度的乾餾反應分子，苦味可能會蓋過其他風味。這就是一杯萃取過度的咖啡，稱為「過萃」。切記，這一切可能都在很短的時間內發生——多花 30 秒可能就足以毀了手中的咖啡。

一杯萃取良好的咖啡最重要的判定基準是什麼呢？喝了就知道！這不是在敷衍回答，因為不管接下來我告訴你任何事，最後真正的重點還是你喝起來的感受，這點絕對要謹記在心。

有趣的萃取實驗

想更了解不同風味分子之間不同的萃取速率嗎？你做得到！試試看這個實驗——用你最喜歡的手沖器材沖煮一杯400克（大約一又三分之二杯）的咖啡，分成四個階段。你會需要一個可以測量克數重量的秤（或是擁有一雙精準目測的眼睛）、為你的器材準備好正確的咖啡粉量、4個馬克杯，這樣就萬事俱備。照著平時沖煮的方式（見第51頁）擺放好所有東西，但是只在第一個馬克杯裡沖煮出100克的咖啡液（大約用上四分之一的水），以上第一階段完成後，快速地將所有東西從秤上移開，放上第二個馬克杯，然後將濾器移過去，秤扣重歸零，然後再沖100克，這是第二階段。重複上述步驟，進行第三、第四階段，讓每個馬克杯裡都有差不多100克的咖啡。接著嚐嚐看！飲用時要確定是按照沖煮順序來喝，並且將你的發現記錄下來。每一杯和其他杯比較起來如何？第一階段的樣本和第四階段的樣本有什麼不同？你學到的萃取知識，是如何解釋四個樣本之間的差異呢？最後，將所有樣本收集到一個馬克杯裡，喝起來又怎麼樣？這個實驗並不完美，但是它足以描繪出萃取過程中的階段性差異。

濃度與萃取量

咖啡專家評估咖啡品質時，會注意兩個重點：濃度與萃取量。這兩個因素有助於推測顧客到底會不會喜歡這杯咖啡。如同我之前提到的，就算你不知道味蕾會對濃度與萃取量有反應，它還是會幫助你辨別出自己喜不喜歡一杯咖啡。但如果能用文字解釋，是不是又會更簡單一點呢？

濃度這個概念很好理解，量測的是咖啡的可溶咖啡固體總含量（Total dissolved coffee solids，簡稱 TDCS）。這個詞其實就是前一章節所提到的可溶固體，通常以百分比呈現。要是一杯咖啡有 1% 的 TDCS，代表剩下的 99% 都是水。高濃度咖啡含有的 TDCS 較低濃度多。

「高濃度咖啡」聽起來很耳熟，但很多人都用錯地方。大家往往會把「高濃度」當成咖啡的風味或主觀感受到的咖啡因含量。技術上而言，濃度代表的是咖啡的「醇厚度」，也就是咖啡的口感。濃度高的咖啡就有較高的 TDCS，口感可能較為濃稠；而濃度低的咖啡，TDCS 也較低，口感會比較接近水，或較稀薄。不論你是否有意識到，舌頭會決定你喜不喜歡一杯咖啡，其中一個因素就是口感。要是咖啡喝起來太濃或太稀，就可能不會贏得你的青睞。想要瞭解更多關於口感的資訊，請參考第 191 頁討論「醇厚度」的篇幅。

濃度其實很奇妙，濃度較高的咖啡跟濃度較低的咖啡相比，TDCS 的百分比其實差不多。例如，多數住在美國的人有以下共同感受──當咖啡中含有 1% 的 TDCS、99% 是水，喝起來會太淡；咖啡中含有 2% 的 TDCS、98% 是水，喝起來會太濃。「好」咖啡的 TDCS 往往介於 1% ～ 2%，但咖啡究竟好不好，追根究底還是要看個人喜好。

評估咖啡品質的另外一個要素就是「萃取量」，或稱「咖啡萃取量」與「可溶固體萃取量」，這個概念比較難解釋。萃取量量測的是萃取的程度，即水從咖啡粉萃取出來的物質含量。大家可以這樣想：咖啡粉含有百分之百的咖啡物質，熱水最多能夠移除（萃取）的實際物質大約佔 30%，而這樣子的咖啡可能很難喝。咖啡專家通常希望從咖啡粉中萃取出 18% ～ 22% 的物質。

萃取量較低的咖啡，也就是咖啡物質萃取量低於 18% 的咖啡，喝起來會覺得萃取不足；萃取量較高的咖啡，也就是萃取量高於 22%，通常喝起來會有過萃的感覺。造成前述現象的原因就是時間，咖啡粉泡在水裡越久，萃取程度就會越高。

重點整理

你的舌頭會告訴你咖啡是否過萃或萃取不足。咖啡如果萃取不足，往往會缺乏層次，無法從中品飲到層次分明的風味，而且也會較酸、香氣較不明顯且／或單調，醇厚度也較低。過萃的咖啡則通常會太苦，澀感（咬舌感）較重，容易壓過美好的風味，而且口感也較濃稠，有點像是糖漿的質地。因此，能夠呈現多層次美好風味的最佳萃取量往往介於過萃和萃取不足之間。

咖啡萃取控制圖表

要是你的學習方式以視覺為主，這張「咖啡萃取控制圖表」將有助於理解濃度與萃取量，進而協助你瞭解如何改善過萃或萃取不足的情形，好達到最適合的萃取程度。針對在沖煮咖啡的人們該如何理解「最適合」的概念，麻省理工學院化學家洛克哈特（E. E. Lockhart）於 1950 年代製作了「咖啡萃取控制圖表」，試著回答這個問題。

他調查一群住在美國有喝咖啡習慣的人，發現多數人喜歡的口味恰巧落在圖表中的「理想」區間，這個區間的萃取量介於18%～22%，濃度則介於1.15%～

咖啡萃取控制圖表

沖煮粉水比：公克／公升

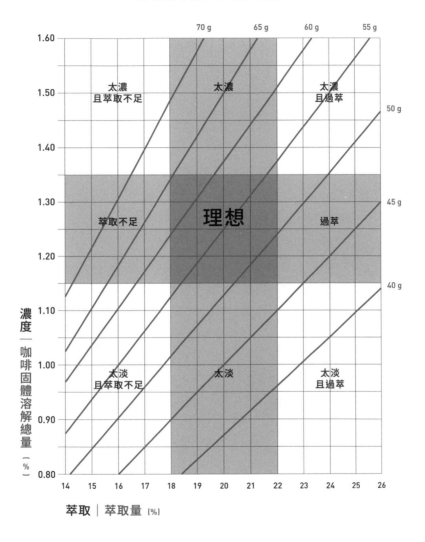

濃度 — 咖啡固體溶解總量〔%〕

萃取｜萃取量〔%〕

太濃且萃取不足

太濃

太濃且過萃

萃取不足

理想

過萃

太淡且萃取不足

太淡

太淡且過萃

1.35%。精品咖啡協會至今仍持續替洛克哈特的發現背書，但這些偏好也可能因地而異。另一方面，你可能有機會煮出濃烈卻又萃取不足的咖啡，或者是太淡卻又過萃的咖啡（後者其實就是一般餐館會喝到的咖啡），即便這似乎不合乎常理。

要計算濃度和萃取量有幾個方法，需要運用工具和數學（如前頁圖表中的數據），就連咖啡專家也躍躍欲試，但在本書中我不打算在這方面多加著墨。能夠理解圖表裡的數據很好，但我想強調的是千萬不要讓數據影響了味覺。有些咖啡專家一致認為，使用這些計算方法容易鼓勵人們以此為基準判斷咖啡是否「優質」，而忽略了風味本身。但是數字無法呈現所有的面向。另外，還有許多因素，像是咖啡品種、處理法、烘焙程度等，都會引響咖啡萃取。也就是說，兩種咖啡的萃取量相同，比如說都是 20%，風味可能依然會大相徑庭。

瞭解濃度和萃取量之後，就能自己在家做實驗了。而為了達到最高效率，首先必須認識會影響濃度和萃取量的控制變因，像是沖煮比例、研磨粗細度、粉水接觸時間、水、溫度等，這些都是沖煮咖啡的基礎參數。

沖煮比例與粉量

煮咖啡之前，必須先知道該使用多少水和咖啡。我一開始在家沖煮咖啡時，是憑著看過別人沖煮咖啡的模糊記憶，去猜測該用多少水和咖啡。如果你的目標是把咖啡煮好，則不建議使用這個方法，而應該考量兩件事：（1）要沖煮出多少咖啡；（2）喜歡濃烈的咖啡，還是淡薄的咖啡。

沖煮比例就是水和咖啡的比例，會直接影響咖啡的濃度。請記住，濃度指的是咖啡飲品裡面的物質濃度，會影響咖啡的口感，即在口中的感覺。咖啡粉水比越高，濃度就會越高；咖啡粉水比越低，煮出來的咖啡就越淡。粉用得越多，萃取出來的物質也就會越多。

沖煮比例和味道
粉水比過高（咖啡太多） 口感濃厚、風味雜駁、香氣濃烈
粉水比過低（咖啡太少） 口感稀薄、風味淡薄、香氣不明顯

許多人認為正確的沖煮比例是兩湯匙的咖啡粉配上 170 克的水。據說貝多芬會用整整 60 顆咖啡豆來沖煮咖啡。如果這兩種方法對你而言輕鬆又簡單，試試看也無妨。不過我和多數專家會用不同的計量方法讓每次沖煮都能達到理想的結果，一致性是複製理想結果的關鍵，而前述的兩種方法無法確保一致性。

使用兩湯匙計量法時，要先準備研磨好的咖啡，如果是用新鮮未研磨的豆子，就得先研磨再用湯匙測量。這種方法可能會浪費豆子，成本也會很高，因為高品質的咖啡豆並不便宜。貝多芬的方法則不用擔心浪費的問題，但是豆子的大小可能會導致粉量差距甚大。某品種 60 顆咖啡豆研磨出來的咖啡粉，可能會少於另一品種 60 顆的咖啡豆。對此解決方案是什麼呢？利用公克記算沖煮比例。

在美國，咖啡專家一開始多半使用介於 1:15（一公克的未研磨咖啡豆配上 15 公克的水）和 1:17 間的沖煮比例，按照這個比例沖煮出來的咖啡就會落在「咖啡萃取控制圖表」的「理想」區間。沒錯，意思就是要測量豆子和水

的重量，而不是大家可能比較容易分辨的體積。使用相同的單位計算兩者，只需要一件測量儀器就能簡化整個流程，也就是便宜的廚房用秤。

準確度有多重要？

我知道有許多人會選擇兩湯匙計量法，這也沒關係。但要進階到更高級的沖煮技巧，我強烈建議各位使用重量來計算沖煮比例，原因有三個：

- 更準確
- 疑難排解、調校更容易
- 排除儀器變數

有些人可能不知道，一勺咖啡豆的實際質量可以差很多。就算你可能聽過完全相反的說法，但專業咖啡人絕不是故意要為難大家，而是因為這就是科學。這也是經驗豐富的麵包師傅會量測重量的原因。同樣兩杯中筋麵粉，其中一杯如果不小心多裝了一點點，質量就會大於另一杯，烤出來的糕餅也會變得差強人意。

造成咖啡沖煮結果不一致的原因更多，如同先前提過，咖啡豆的大小變異可能很大（下次買配方豆時可以好好觀察），這表示同樣是一湯匙，不同的兩種咖啡豆質量可能大不相同，就像一杯中筋麵粉跟全麥麵粉的重量也不同。這些差異可能會超過一公克甚至更多，當測量單位越小，差異也會越明顯。此外，如果你量的是已研磨的咖啡豆，研磨粗細度也會有影響。一湯匙的細粉和一湯匙的粗粉相比，質量絕對會不同。完美跟差強人意的差距未滿一公克，

所以計量務必要精確。水也一樣，一湯匙的水理論上為 14.8 公克，但你可以實際秤秤看，一探究竟有幾次是精準的 14.8 公克。

或許你還不習慣量測重量，但只有秤重可以確保精準、一致的沖煮比例與穩定的風味。如果不這麼做，當你煮出美味的咖啡時，除非有記下沖煮比例供下一次沖煮使用，不然很難再次呈現出相同的風味。說到底，咖啡只有兩種成分，細微的差異就會影響風味。盡量維持一致性，必要時就能更清楚瞭解應該如何調整。例如，要是你的咖啡口感太濃烈強勁（濃），可能就是咖啡豆用太多了，下一次可以試著減量；喝起來太水（淡），則可能是咖啡豆用得太少，下次可以用多一點。

最後，理想的沖煮比例會依沖煮器材而不同。大家在下一章可以看到，每種器材都經過設計以達到最佳萃取狀態，而設計者的想法卻也都不同。不同器材萃取咖啡的方式，絕對會影響其最佳沖煮比例。

如何計算粉量

用來計算沖煮比例的咖啡量叫做「粉量」，計算粉量需要用到數學。我討厭數學。我六年級時明明沒通過數學先修課程考試，老師卻還是把我排進了先修班，接下來的六年先修課程都使我力不從心、如坐針氈，直到現在都還沒釋懷。即便是對數學如此懷恨在心的我，還是將粉量計算出來了。好在算出粉量之後，就可以重複使用，不需要重新計算！另一個好處，就跟我說過的一樣，沖煮比例的水和咖啡以公克為基準，所以很方便。公制系統萬歲！

首先，大家必須瞭解沖煮器材的大小、要沖煮出多少咖啡（咖啡粉太多或太少都不好，請根據想沖煮的咖啡量，選擇大小適中的器材）。我們先以BeeHouse 的小型濾杯舉例。製造商表示，器材可容納的咖啡粉能夠沖煮出一到兩杯咖啡。假設你要煮一杯咖啡，一杯為 8 液盎司，而 1 液盎司的水重29.57 公克（簡單起見，我把所有的數值都進位到整數）：

咖啡杯數	水（液盎司）	水（公克）	1:15 粉量（公克）	1:16粉量（公克）	1:17粉量（公克）
1	8	237	16	15	14
2	16	473	32	30	28
3	24	710	47	44	42
4	32	946	63	60	56
5	40	1,183	79	74	70
6	48	1,419	95	89	83

我決定以 1:16 的沖煮比例為例，解釋該如何計算咖啡粉量，由上表可知 1:16的水重為 237 公克，因此只需要用水重除以 16 即可計算出粉量，結果就是15 公克（其實大約是 14.8 公克，不過我發現一開始用整數，調整粉量會比較容易）。按照這個公式，先以 15 公克的咖啡豆，搭上 237 公克的水，研磨好咖啡豆後開始沖煮，試試看風味如何，再依照自己的風味偏好調整粉量，一次調整半公克上下。15 公克可能會比多數人平常習慣使用的重量多很多。很多人在家沖煮咖啡最常犯的錯誤，就是粉量不足。嘗試 1:16 的沖煮比例時，若覺得粉量太多，建議還是先別急著減少粉量，試試看再說。

前面的表格數據可以應用在不同沖煮器材與咖啡份量，使用大型 Chemex 替一群人煮咖啡，可以對應表格中水量 1,419 公克，咖啡豆 83 ～ 95 公克，煮

出 6 杯咖啡。但是請注意，如果你有很多沖煮器材，每種器材的沖煮比例可能都不同。到了第六章會提到，我將沖煮比例設定在 1:12 ～ 1:17 之間，視器材而定。

一旦我找到適用於眼前使用器材的沖煮比例，就會記錄下來，以便往後每次沖煮咖啡時套用。多數手沖咖啡館也是這麼做，如此一來沖煮比例就成了器材的「基本參數」。你不需要每次沖煮時都重新計算，而是將基本參數當作一開始的參考參數。咖啡館可能每天都會調整參數，或至少會針對每個批次的咖啡變更參數，這個過程就叫做「調整」，目的就是要達到最佳品質。在家沖煮咖啡時，我很少會調整參數，因為基本參數其實就已經夠用了。

選擇正確的粉量

不佳：猜測

尚可：兩湯匙咖啡粉配上六盎司的水

較佳：1:15至1:17的粉水比（以公克計）

研磨粗細度與接觸時間

研磨咖啡即表示把整粒咖啡豆磨成較小的碎片。未經研磨的咖啡豆，表面積相對較小，水無法從中滲透並萃取出好的物質，而且使用整粒咖啡豆萃取大概會花上你一輩子的時間，完全不切實際，所以才會將咖啡豆研磨成大（粗）

或小（細）的顆粒後再進行萃取，如此一來用水萃取咖啡就變得輕而易舉。瞭解研磨粗細度對於咖啡萃取的影響，將有助於你按照個人喜好隨時調整，沖煮出符合理想口味的咖啡。

研磨的粗細度對咖啡萃取有顯著影響，進而影響到最終風味。咖啡粉研磨得較細，表面積就較大，因此當使用較細的粉末且其他參數維持不變時，萃取量就會較高。水份在咖啡粉中的滲透力越高並溶解其中的風味化合物，最終溶在咖啡裡的物質就會越多。

當然，這並不表示溶解越多物質越好，因為當顆粒越細，萃取速率也會變得越快，一不小心就會過萃。使用較細的粉末沖煮時，就要縮短咖啡粉與水的接觸時間，萃取出來的咖啡才會好喝。同理可證，若是使用較粗的粉末，沖煮時咖啡粉與水的接觸時間就要拉長。

研磨得較細的咖啡粉可以提高萃取速率，但並不等同於是提高沖煮速度，因為研磨粗細度會大幅影響「流速」，即水流過咖啡粉層的速度（這點對於手沖的影響較顯著，對全浸泡式沖煮方法則影響不大，請參閱第 46 頁）。咖啡磨得較粗，粉粒之間的空隙就較大，水也能夠更快地流過粉層；咖啡磨得較細，粉層就會較為緻密，水流過粉層的速度就會較慢。或者可以這樣想：水流過礫石的速度較快，還是流過沙子的速度較快呢？

不幸的是，沒有特定研磨粗細度保證可以沖出風味最好的咖啡。使用各種粗細度的咖啡粉都有可能沖煮出好喝或風味不佳的咖啡。更神祕的是，粗細度並沒有統一標準，也沒有標準用語可以用來描述，只分成「細、中、粗」，非常主觀。而且不同廠牌的磨豆機刻度也不同。兩台同樣將刻度調成 14 的

磨豆機，磨出來的粉粒大小可能不同。有些磨豆機甚至不使用數字刻度。但也有科學的方法可以量測粉粒大小，只是需要額外的器材，對於業餘玩家或一般大眾來說都不實際。

研磨參考表

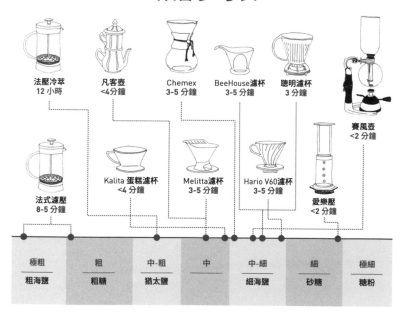

對我們來說，用生活中熟悉的食材如鹽和糖等來參照咖啡粉的粗細與質地就容易多了。上方的「研磨參考表」中可看出研磨粗細度與質地的參照，同時也說明了適用於各器材的研磨粗細度，圖中的器材也會在下一章討論。

不同器材通常適用不同粗細的咖啡粉，以便控制流速。咖啡研磨得太粗，水會很快流過咖啡粉，導致萃取不足。反過來說，如果咖啡粉太細，水就會以龜速流過咖啡粉，或甚至停止流動。結果就會導致過萃。這就是為什麼你不能因為趕時間，就想把咖啡磨得更細來加速萃取。

要如何知道咖啡粉對於你的器材來說是否太細，如果你用的是手沖器材，就可以觀察咖啡粉層。如果粉層看起來像是泥巴，咖啡可能就會磨得太細了。另外一個推測方法就是水滴得太慢，停留在粉層的時間太久。我在第六章會提供各種手沖技巧的目標萃取時間。如果時間拉得較長，就代表咖啡研磨得太細；要是時間太短，就代表粉粒太粗。

各種器材的沖煮時間往往也不相同，法式濾壓壺的沖煮時間最長，而愛樂壓的沖煮時間就很短。這不表示每種器材都只適用一種粗細度和接觸時間，就連製造商也認同其他變化的可能性。針對一種器材你可以找到很多種方法煮出很棒的咖啡，只不過參照圖表裡的時間，對初學者來說會比較容易成功。其中有些器材也能適應多種參數，舉例來說，本書就介紹適用於法式濾壓壺8分鐘和5分鐘萃取法的沖煮參數，此外，咖啡界似乎特別熱衷於替愛樂壓發明各種異想天開的沖煮參數。

要特別注意的是，研磨粗細度絕對不會完全一樣，因為烘焙過的咖啡豆本來就會不規則地碎裂。所有磨豆機都會有一定的研磨範圍，可以磨出大塊的碎片，也可以磨出細粉。所以一定要使用好的磨豆機。正因如此，如果你只打算買一樣咖啡器材，那絕對應該買磨盤式磨豆機。詳細資訊會在第84頁討論。

```
┌─────────────────────────────────────────┐
│            研磨粗細度與味道                │
│                                           │
│       太細＝口感濃厚，風味帶苦             │
│                                           │
│    太粗＝口感淡薄，風味清淡，帶酸感        │
└─────────────────────────────────────────┘
```

水

咖啡有 98 ～ 99% 的成分是水，而水是材料也是溶劑，算是工具，所以值得探討。首先，水要是有怪味，煮出來的咖啡也會帶有怪味。美國多數人都很幸運，有可以直接飲用的自來水，但水的特質卻良莠不齊。沖煮咖啡時，一定要使用新鮮好喝的水。初學者如果可以取得新鮮好喝的自來水，就可以直接拿來沖煮咖啡；要是沒辦法取得新鮮的自來水，或是自來水有其他氣味的話，可以試試看活性碳濾水壺或類似的器材（假使你都沒在用的話）。我居住的城市──芝加哥這邊的水帶有氯味，感覺就像是游泳池的水稀釋過後排放到家家戶戶的自來水管中。我的活性碳濾水壺可以把這些氣味濾掉。其實普通的活性碳濾水壺就可以把氯味和其他氣味（這可能是美國自來水最常見的問題）過濾掉，也能濾掉某些金屬元素。市面上有各式各樣昂貴的濾水器，不過對業餘玩家來說，使用活性碳濾水壺就能夠解決水質不佳的問題。

不過，使用濾水器不是要把水裡所有的物質都過濾掉，因為水裡還有許多礦物質和其他物質有助提升水的溶解度。例如，鎂和鈣對於咖啡風味萃取的幫助極大；軟水或蒸餾水（水中多數礦物質和雜質都已移除），就不適合拿來萃取咖啡。噁心的吸鼻器可能必須使用蒸餾水，但不應該拿來沖煮咖啡，蒸餾水無法充分萃取出咖啡粉裡的風味，會導致咖啡過酸。礦泉水雖然富含鈣

和鎂，卻也不是拿來沖煮咖啡的最佳選擇。礦泉水往往太硬，會導致咖啡風味單調、過苦又缺乏絕妙酸感。

使用自來水的人常常抱怨水太硬，造成跟咖啡本身無關的問題，像是水垢，清洗時也需要用比較多的清潔劑。因此許多使用自來水的家庭會安裝水質軟化系統。如果你家也是這樣，同時你也覺得在家煮出來的咖啡不好喝，可以分別用硬水和軟水沖煮，比較一下，如果風味真的不同，就選擇風味較佳的水沖煮。要是兩種風味你都不喜歡，可以試試看瓶裝自然泉水（這種水跟礦泉水不同）。

許多專業的咖啡館都裝有逆滲透系統，用來過濾水，之後再加入適量的鈣和鎂。我還看過有些咖啡館會販售逆滲透水，這完全沒有意義，而且簡直是不法銷售，沒錯，我說的！有些公司則會販賣礦物質配方，加入蒸餾水中，使其變成適合沖煮咖啡的水質。我還沒試過，但能夠看到這樣的選擇，我應該也樂見其成吧。

精品咖啡協會針對水的品質制定了標準，我把這套標準列在下方表格。中間欄位是精品咖啡協會建議的完美水質，右邊欄位則是彈性區間。

特質	目標	可接受區間
氣味	乾淨／新鮮，無異味	
顏色	澄透	
總含氯量	0mg/L	
固體物質溶解總量（TDS）	150mg/L	75–250mg/L
水鈣硬度	4gr或68mg/L	1-5gr或17-85mg/L

總鹼度	40mg/L	剛好或接近40mg/L
pH值	7.0mg/L	6.5-7.5mg/L
鈉	10mg/L	剛好或接近10mg/L

初學者看到這張表，至少可以知道新鮮、乾淨以及氯的含量是沖煮咖啡時評估水質最重要的因素。有些業餘玩家如果想多瞭解水，可以注意一下，這張表中的某些參數有些模稜兩可，有些卻非常精確。不管各位對於沖煮用水有沒有興趣，都應該要知道，家裡的飲用水不太可能完全符合精品咖啡協會訂定的標準，而這張圖表也一定有缺漏。例如最近研究顯示，固體物質溶解總量（簡稱 TDS，指的是水中含有的礦物質和其他元素，與可溶咖啡固體總含量〔TDCS〕不同。其實沒有那麼重要。業餘玩家也不可能測試水的所有特性。把精品咖啡協會訂定的標準當成指南，盡量控制你可以控制的就好。也許你無法控制水裡的固體物質溶解總量，但要是水喝起來有氯味該怎麼辦？這點你就有能力處理了。

要是大家對水感興趣，可以去讀一下《咖啡之水》（Water for Coffee）這本書，作者是咖啡師麥斯威爾・科隆納－戴許伍德 （Maxwell Colonna-Dashwood）和麻省理工學院咖啡科學家克里斯托弗・H・亨登（Christopher H. Hendon），他們從科學角度探討水如何改變咖啡及其中的理由，也指出許多咖啡專家太過注重固體物質溶解總量等因子。找出最適合沖煮咖啡的水質是還在發展中的科學，而且也不完全適用於在家沖煮的情境。但這本書談到業餘玩家在家沖煮時可以注意的幾個重點：

• **水區別出咖啡與其他手工飲品之間的不同。**咖啡跟啤酒與葡萄酒一樣，

品質由風味決定。這三種飲品都可以從處理法、口感、風味調性的層面討論。但咖啡不只在處理階段會用到水，萃取前亦需另外準備好沖煮用水，因此與無需此步驟的啤酒和葡萄酒相去甚遠。除此之外，水是咖啡的主要成分，特性多變，每個地區的水質都不同。也就是說，咖啡當中 99%的成分會不斷改變，真的很驚人！

- **不同類型的水會對咖啡風味造成多重影響。** 各個地方的水質都不同，所以不太可能把水質調成一致，老實說也沒有必要。咖啡的風味取決於水的類型。就算其他沖煮參數真得能夠維持一致，只要使用跟平時不同的水，就會大幅影響咖啡風味。也就是說各位如果搬家，或到其他地方度假，原先在家適用的沖煮參數，到了新的地點有可能表現差強人意，或者變得更好！

簡而言之，重點就是在家沖煮咖啡應注意水質，盡量掌握水的品質，例如濾掉氯味、避免使用蒸餾水或礦泉水。甚至有時候你用的水可能就是不適合沖煮特定種類的咖啡。烘焙師在烘焙咖啡豆時，會以當地水質為基準，而你家裡的水質可能與之非常不同。其實水質的差別應該不會嚴重到煮出來的咖啡難以下嚥，水的問題可能比較像是當你什麼方法都試過了，但咖啡喝起來還是不對，這時候問題可能就出在水質了。

溫度

依據咖啡沖煮經驗法則，理想的沖煮水溫通常介於 90.5℃～96℃間（冷萃咖啡則不在此限，請參閱第 60 頁）。請注意，這個溫度區間低於水的沸點

100℃，因此達到沸騰狀態的水不適合拿來沖煮咖啡。

保溫

我在家使用快煮壺煮水，因為速度超快，我實在沒耐心等水慢慢煮沸。手沖時，我會把水從快煮壺倒入手沖壺裡面。滾燙的水在換瓶過程中會降溫到96℃左右，可以直接沖煮咖啡，不用等待。（現在市面上有手沖快煮壺，但我還是喜歡使用我現有的器材。）

你可能曾經注意到專業咖啡師會在暫停注水時，例如潤濕濾紙後（請參閱第54頁），把壺放回熱源上。我認為這是多此一舉，尤其如果你是用瓦斯爐加熱，就更畫蛇添足了。

然而，為了滿足旺盛的好奇心，我曾在家做過保溫實驗（警告：以下內容較為深入）。我以前習慣水滾後等30秒就開始沖煮，只因為我覺得一分鐘好像太長。不過我在測試時，發現水壺的保溫效果意外地非常好。30秒後水溫還是熱滾滾的98.8℃，屢試不爽。一分鐘過後，水溫也才又降了1到2℃。一分半過後，水溫為97℃左右。兩分鐘過後，水溫則是95℃上下。整整三分鐘過後，水溫也才平均降低約7℃，往往只會降到93℃，還是理想的沖煮溫度。溫度下降的速度跟環境有很大的關係，我測試當天的室溫為25.5℃，用的是保溫能力佳的不鏽鋼水壺。如果想研究水溫，可以在家使用自己的水壺試驗看看。

水溫很重要，會影響咖啡粉中可溶物質的溶解情形。理想的最低沖煮水溫為90.5℃，水溫要是更低，許多風味物質較難溶解，想將這些物質帶有的美好風味溶進咖啡中，就需要較長的時間。反之，水溫要是太高，例如100℃的水，則會因為太快速地溶出過多物質，導致咖啡過於苦澀。

專業的咖啡師會使用特別的器材，像開水機或是手沖壺搭配導熱座，以測量溫度或保溫，確保沖煮用水的水溫。雖然你也可以取得相同的器材，但其實並非十分必要，在家煮水沖煮咖啡時，其實用數位溫度計量測水溫就可以了，不過也可以在水煮開之後離火 30 秒到一分鐘整，再開始注水，這種作法對業餘玩家來說已經綽綽有餘了。

要特別注意的是，把水倒入沖煮器材或沖煮容器時，水溫會大幅降低。我在一個實驗中發現，直接把滾水從不鏽鋼水壺注入未預熱的陶瓷馬克杯中，水溫會馬上降到 93℃，然後繼續快速降溫到大約 71℃。因此許多咖啡師會把降溫考量進去，預先用熱水溫熱器材和咖啡杯，希望能夠減少水逸散到器材的熱量，避免咖啡倒入馬克杯中降溫過快。

整體說來，我覺得器材或容器的保溫效果對咖啡風味的影響不會太大。一般在家沖煮咖啡，我通常不會預熱器材，除非是順便拿來當作潤濕濾紙的容器。不過預熱當然不會造成任何負面影響。至少陶瓷容器預熱後似乎有助減少熱

海拔和水溫

每升高500英尺，水的沸點就會降低攝氏0.5度。 這意味著在像丹佛這樣的海拔5280英尺的地方，水的沸點大約為攝氏94.4度，而不是標準的攝氏100度。瘋狂吧！這對生活在高山上的咖啡人意味著什麼？水的沸點正好在咖啡理想的沖煮範圍內！如同前面討論過的，在海平面以沸水沖煮咖啡通常是大忌，但是像丹佛這樣的地方，就不用顧忌這個問題（例如丹佛的Boxcar咖啡烘焙公司就使用沸騰的水沖煮咖啡）。那麼，沖煮愉快！

溢散。我也做過實驗，就算預熱馬克杯，水溫還是會馬上掉到 93℃ 左右，但後續下降速度就減緩許多，換句話說，能夠拉長咖啡的保溫時間。

注水

手沖咖啡時，注水的方式會影響咖啡的風味，其中速度和穩定度的影響又特別大。專業咖啡師可能各有一套完美的注水技巧，但討論注水手法的文獻卻不多。注水手法是一個抽象的概念，認真細究感覺好像有點荒謬。但既然注水是必要步驟，不如就來瞭解一下注水對沖煮的影響。初學者能夠學會注水技巧嗎？可能無法。在家沖煮咖啡需要用到超級精巧的注水技巧嗎？當然不需要。但初學者仍然可以運用一些簡單的注水觀念，體會咖啡風味的轉變。

前面提過，咖啡與水的接觸時間會直接影響風味分子的溶解度。接下來則會說明水攪動的程度會如何影響萃取。換句話說，快速注水和隨意注水都可顯著（且負面）影響最終結果。以前我就是會隨便把水倒在咖啡粉上的人，所以現在可以跟各位保證，緩慢、穩定的注水技巧沖煮出來的咖啡風味絕對會有顯著的不同。

想要緩慢、穩定地注水，最簡單的方式就是使用手沖壺（請參閱第 97 頁）。但不代表你非得買一只——這本書裡會介紹不使用手沖壺的沖煮方法。沒有手沖壺，照樣也能輕鬆沖煮咖啡，只不過使用手沖壺確實有助於穩定注水。

咖啡界的專業人士一直在爭論哪種注水方式比較好：不斷水的注水和分段注水。我認為在家沖煮時兩種方式都可以，但不管用哪種方式，有幾件事情都

必須謹記在心：

- **不要用水淹沒咖啡粉層。**手沖的概念不是朝咖啡粉倒水，使得咖啡粉浸泡在水中。水層要穩定，咖啡從器材底部流出時，才補足新鮮的水。這點為什麼很重要？新鮮的水溶解度較咖啡水佳。當然也有例外，請參閱第 244 頁 V60 濾杯的沖煮技巧。

- **向中央注水。**注水時，盡量往咖啡粉層中央注水。要是往器材壁緣注水，水就會沿著壁緣向下流，未流經大部分咖啡粉。想知道水是否有沿著壁緣流，可以等水流下去後，觀察濾器——在正確注水的情況下，壁緣應該會有薄薄的一層細咖啡粉。要是濾器壁緣乾淨、未沾上咖啡粉漬（業界形容此為「咖啡粉牆消失」），就代表水是往阻力最小的地方流，沿著壁緣向下流入杯中。除此之外，還有另一個稱作「細粉位移」的問題，由於細粉通常會沾附在濾器的壁緣，若水將細粉沖到底部，就會造成阻塞，使得水與咖啡粉的接觸時間大為超時。

- **平均注水。**雖然說最好還是往咖啡粉層中央注水，但也不要一直往同一個地方注水，否則會造成一個渠道，水會直接從這個渠道流過，而未流經絕大部分的咖啡粉。要避免這個情形發生，可以試著以有韻律的方式用水柱劃圈，或是畫「8」，要不然也可以畫自己喜歡的圖示。專業咖啡師通常有很多方法（而且很多人堅信某種方法才正確）。但對業餘玩家來說，重點是要讓水流動、均勻滲透咖啡粉層。水流過咖啡粉後，粉層越平整越好。如果水流過之後，粉層出現坡度或是小洞，就知道粉層萃取不均勻。

- **咖啡應該留在咖啡粉層內。**細粉很容易沾附在濾器上，即便如此，沖煮

器材邊緣若沾附了厚厚的粉層就不太理想了（但總是有例外的，請參閱第 244 頁 V60 濾杯沖煮技巧）。沾附在濾器邊緣的粗大咖啡粉塊叫作「粗粉」，濾器邊緣的粗粉越厚，堆得越高，能夠跟水有足夠接觸時間的咖啡粉量就越少。針對某些沖煮技法，我建議快速的在粉層邊緣沖一兩圈，讓咖啡粉回到咖啡水中。

- **注意時間。**除了確保咖啡粉完全且均勻地與水接觸之外，注水也應穩定並足以控制咖啡跟水的接觸時間，也就是沖煮時間。本書為各種沖煮方式列出了目標沖煮時間，詳細資訊請參閱第六章。如果是使用手沖法，要計算注水時間，也要算入水流過粉層，直到濾出最終目標克數咖啡液的時間。如果注水速度太快，水就無法萃取出咖啡裡面美好的風味物質；要是注水速度太慢，就會導致過萃。要記住，如果覺得自己已經盡力放慢注水速度了，但水還是流得太快，有可能是咖啡粉磨得太粗。要是已達到目標沖煮時間，水卻流得慢到不得了，就有可能是咖啡粉研磨得太細（請參閱第 27 頁）。

學習注水需要花一點時間，但是熟能生巧。最後，或許可以靠著肌肉記憶讓注水成為第二本能，就像專業咖啡師一樣。你做得到嗎？說不定可以！但是無論如何，良好的注水技巧其實很容易就能上手。

不斷水注水

許多咖啡師認為手沖時，應穩定緩慢地將水從水壺裡注入到濾器中。這種技法稱作「不斷水注水」，目的是讓咖啡粉持續浸泡在低水位當中，注水時的

速率要保持一致，水柱最好涓流不息，不要滴滴答答。

提倡此一流派的人，常形容這是「溫柔的」手法（幾乎不會造成擾動），所以可以使用較細的咖啡粉，煮出來的咖啡會更好喝。也有許多人說像是 V60 濾杯和 Chemex 這類的器材一定要搭配緩慢穩定的注水技法，因為濾器本身不太能控制水流速度。

不斷水注水技法一定得搭配手沖壺，而且需要投入一些心力才能練得爐火純青。這種技法要發揮得好，手沖壺中的水要先裝到四分之三滿，因為壺中的水越少，從壺嘴流出的水柱就越不穩定，對初學者來說可能不好掌控。一開始可能會覺得有點重，但一陣子過後你可能就會練出「咖啡師肌肉」，能夠單手拿起和控制裝滿水的手沖壺，輕輕鬆鬆把一杯咖啡沖完再放下（但我到現在還是弱弱的）。或者可以這樣練習：準備好濾器和定量的水，例如 250 ～ 400 公克的水量，裡頭不放咖啡粉，用空杯練習不斷水注水。過程中要計時，如果水柱中斷，就從頭開始。看看你注水的速度可以多慢，要是使

關於擾動

咖啡粉在水中移動就會產生擾動，擾動能讓咖啡顆粒更快接觸到新鮮的水，加速萃取。將水注入沖煮器材時，必定會產生一定程度的擾動，攪動咖啡粉和水。隨著水位上升和下降時，咖啡粉也會跟著流動，這時擾動的程度又更大了。通常除了注水時，會希望盡量減少額外的擾動。但某些技法，例如利用全浸泡法時，快速攪拌一兩下可能會有些幫助。但該如何判定要擾動到什麼程度呢？這就只能多加練習了。不過一開始可以先把這個技巧記在心裡，再慢慢進步。

用 250 公克的水注水 3 分鐘以上，應該就可以出師了。

分段注水

「分段注水」是另一種注水技巧。不同於「不斷水注水」，分段注水必須間歇停止注水，讓水流乾。停止注水的頻率和時間長短差異很大，每個人對於不同器材的最佳注水方式都有各自的看法。一般來說，每注入 50 ～ 60 公克的水就暫停一下，是較常見的做法。

然而，「分段注水」不表示沖煮時間也要跟著拉長。不論是「不斷水注水」還是「分段注水」，各種手沖器材的目標沖煮時間通常都相同。「分段注水」因為要計入中斷注水的時間，注水時的速度也需要更快。

根據我的經驗，「分段注水」不像「不斷水注水」那麼嚴苛，而且也較容易上手。「分段注水」除了較為輕鬆，注水時也允許隨時調整速度，即便沖煮的份量較少，依然能夠掌握適當的接觸時間。

悶蒸

不管使用哪種技法，咖啡都必須經過悶蒸。悶蒸的意思是，先用一點熱水完全浸濕咖啡粉，接著再繼續注水。這個簡單的小技巧能夠讓咖啡更好喝。把咖啡粉浸濕就可以大幅提升風味？聽起來也許荒謬，但確實如此。因為悶蒸產生的熱和蒸氣可以為萃取咖啡做好兩項準備：

- **釋出二氧化碳。**新鮮的咖啡含有很多二氧化碳,因為二氧化碳會在烘焙時封存在咖啡豆中。咖啡粉浸濕後,就會釋出二氧化碳,膨脹發泡。(悶蒸時可以看看發泡的程度,如果沒有什麼泡或完全沒有發泡,就代表咖啡已經走味了)。咖啡本來就會釋出二氧化碳,但熱水會加速氣體釋出。喝過氣泡水的人就知道,二氧化碳帶有苦味,而悶蒸就可以確保咖啡液裡面不會含有帶苦的二氧化碳。

- **開始萃取。**悶蒸可以確保咖啡豆的二氧化碳在真正開始萃取之前先從其他可溶物質中釋出。要是二氧化碳沒有釋出,氣體就會造成疏水效果,在其他可溶物質外形成保護層,因此水就更難接觸到這些可溶物質,要煮出好喝的咖啡也就更困難了。

悶蒸時要加多少水?原則上,使用咖啡粉重量兩倍的水。如果粉量 14 公克(大約兩湯匙),就用 28 克(4.5 湯匙)的水悶蒸。水量要夠多才能浸濕所有的咖啡粉,但也不能太多,以免從濾器中流出來(漏個幾滴沒關係)。而且一次添加太多水的話,二氧化碳也無法釋出,悶蒸也就無法達成預期效果了。

悶蒸多久之後才能繼續沖煮?適當的悶蒸時間介於 30 ~ 45 秒之間,取決於咖啡新不新鮮、焙度、粉量。例如,新鮮淺焙的咖啡通常必須悶蒸較久;粉量較多,需要的悶蒸時間也較長。發泡速度變慢之後,就代表悶蒸差不多可以結束了。

截至目前為止,大家可能會問:為什麼是 30 ~ 45 秒?不該等到所有泡泡完全消散嗎?其一,泡泡通常會持續冒出來;其二,二氧化碳逸散的過程中,

其他揮發性芳香物質也會跟著隨之逸散。揮發性芳香物質很不穩定，很容易就消散在空氣中，所以才說稱為揮發性物質！但這些物質一定要保留在咖啡當中，因為這些它們能大大提升咖啡風味（香氣是風味的一大部份，請參閱第 191 頁）。

將秤歸零！

別忘記將秤歸零之後再開始注水悶蒸，扣除濾器和咖啡粉的重量後再量測悶蒸重量。

調整

前文提過，當咖啡專家說「調整」的時候，是指反覆測試找出正確的沖煮變因或參數，以煮出一杯好咖啡（或一劑濃縮咖啡）的過程。換句話說，就是沖煮時的「微調」。如同前文提過的，這個章節討論的所有沖煮參數，都會影響咖啡最終的風味，所以一定要使用正確的沖煮參數。

專業咖啡師每天可能都需要微調參數，因為沖煮參數本來就會持續改變。之前討論過，研磨粗細度會有變異，水溫在沖煮過程中也可能改變。除此之外，沖煮器材、咖啡豆新鮮度與種類、注水穩定度（手沖），甚至外面的天氣都可能會影響咖啡最終的風味。沒錯，連氣溫和濕度都會造成影響！因為咖啡有吸水性，也就是會從空氣中吸收水氣，咖啡豆會因此膨脹（至少在分子層級是如此），研磨之後密度就會更高。要解決這個問題，其中一個辦法就是將咖啡豆磨得粗一點。這個問題在萃取濃縮咖啡時較常見，同時也是一個很好的例子，能夠讓大家知道，看起來不相關的因素也可能會影響咖啡萃取，因此一定要調整基礎參數。

另外一個常見的參數也常常需要調整，豆子極為新鮮時與不太新鮮時用的參數不同。專業的咖啡師碰到極為新鮮的豆子時，可能會把粗細度調得稍微細一點，因為新鮮的豆子含有許多二氧化碳，會影響萃取。較細的顆粒可以在一開始抵銷氣體的影響，但幾週過後，咖啡師可能就需要視情況調粗顆粒。

在家自學調整時，每次只能調整一個參數，這點非常重要，這樣才能有效追蹤調整的效果；要是一次調整兩個以上的參數，就絕對不會明白參數個別的調整結果。將參數分開測試，才較容易瞭解和記住各別的效果。比如說，如果咖啡太濃，你可能會想到是沖煮比例或研磨粗細度出了差錯，這時一次調整一個參數，就能知道問題出在哪。

隨著沖煮經驗越來越豐富，你會感覺自己像是從錯中學的過程晉升到能夠具體做出判斷。最終你將能夠辨別問題，迅速找出解決方法，不需要憑空猜想。或者，你也可以從「附錄」（請參閱第 248 頁）中學習一些排解問題的訣竅和策略。

第二章

選擇好工具

你可能會納悶，為什麼會在介紹咖啡豆之前先講工具和器材？咖啡豆感覺才是沖煮出好咖啡的第一步吧？我這樣說吧，你可以拿世界上最好的豆子放進糟糕的全自動機，煮出來的咖啡保證超乎你想像的難喝（你將在這個章節瞭解原因）。少了「有潛力」沖煮出好咖啡的器材，再好的咖啡豆也不會好喝。

簡單來說，你選擇的沖煮器材與沖煮方式都會對你的咖啡有舉足輕重的影響。而這個章節會幫助你在一連串與器材有關的重要選擇中做出決定。在沖煮器材的世界裡，選擇實在是多得離譜，而我要幫你做的第一件事就是減少選擇。本章將重點放在 10 種器材上，其中也包括了我的最愛。選擇任何一種都好，而本章的目的是幫助你做出最適合你的決定。我把重點放在添購新的沖煮器材時，對業餘玩家來說最重要的幾個考量：使用簡單、可利用性、可負擔性。

不過，在此之前你必須先將自己想要（或不想要）的其他設備一併考慮進來，否則無法做出最佳採購決定，畢竟大多數沖煮器材都需要搭配其他設備。所以本章也列出了其他能添置在咖啡吧台上的設備——濾器、磨豆機、秤、熱水壺等，並說明它們可以如何用來改進（或毀了）你的咖啡。

完全浸泡與手沖器材

手動沖煮咖啡主要有兩個方式：完全浸泡法和手沖法。在選擇沖煮器材時，第一步就是先決定要用哪一種方法，因為之後你會發現，你所選擇的方式不止會影響你的沖煮特色，也會影響花費及製作咖啡所投入的時間和精力，還有需要準備哪些額外器材。

「完全浸泡法」（有時簡稱浸泡法）基本上就和泡茶的過程一樣。沖煮時一次性地倒入水，將咖啡粉完全浸溼。待水浸透咖啡粉，就能將風味和化合物萃取出來。最後將咖啡粉從咖啡液中過濾出來。

另一種則是「手沖法」，將水倒在咖啡粉上，通過濾器萃取出咖啡液。手沖法的關鍵在於，整個沖煮循環中都要緩慢穩定地注水，水沖刷咖啡粉的過程會將咖啡的風味和化合物帶出來。

浸泡式器材最大的優點在於不需要高程度的技術或特殊設備，所以比起手沖式器材好駕馭一些。使用浸泡法沖煮時幾乎可以注水後就放著不管；反之，手沖法則需要一定程度的技術，確保濾器中有足夠的水且在正確的時間內接觸到咖啡粉。要達到這樣的精準度就需要非常緩慢、控制得當的注水，通常使用手沖壺較容易辦到。相對來說，浸泡式沖煮就不那麼講求細節，所以如果你不想馬上投資額外的器材，那麼可以考慮使用浸泡法。

不過切記，器材百百種，第 69 頁列出了各種器材的特色，從中你將會發現有些手沖器材其實不需要太多技巧（也不需要太多額外設備）。

關於全自動咖啡機

雖然咖啡是一門平易近人的學問,我還是花了好幾千字篇幅來描述它的各種面貌,並提供建議,幫助你在家複製出咖啡館等級的咖啡。比起面對手動沖煮一連串的難題,不難理解為什麼按下自動咖啡機的按鈕通常更吸引人。

然而,問題是大部分標準規格的自動咖啡機,通常沒有辦法讓你在家重現咖啡館品質的咖啡,就算你在外面點的是一般濾泡式咖啡而非手沖咖啡也一樣。因為這些自動機本來就不是設計來沖煮出最佳品質的咖啡,主要原因有兩個:

- 大部分的自動機無法快速達到適當的沖煮溫度,也無法在沖煮過程中維持特定的溫度。

- 大部分的自動機無法達到適當的粉水接觸時間。

換句話說,自動咖啡機的障礙就在於溫度與時間。

反之,手動沖煮器材能讓你輕鬆解決上述傳統自動咖啡機的兩個問題。舉個故事來說明:我上班的地方平時使用Melitta手沖系統,但是我們也有一台標準的自動咖啡機。當我們在煮手沖咖啡時,並不會每次都精準測量水量和豆量,甚至我們也(還)沒有使用手沖壺。簡而言之,我們的手沖方式運用的技術含量非常低,畢竟我們都還有工作要忙嘛!不過,即便如此,手沖的咖啡喝起來還是比自動機煮的好喝很多──雖然使用機器沖煮理論上來說更穩定,但是手沖可以控制溫度,而且Melitta濾杯的設計不會讓流速太快,就算我們注水又多又快也沒關係。

這樣使用Melitta濾杯能沖出手工咖啡館等級的咖啡嗎?通常無法,但有時候可以。不論如何,這個濾杯適合我們的環境,而且喝起來比用機器煮的好喝!我不知道該如何強調這點,真的很神奇!

然而並非所有自動咖啡機都煮不出高品質咖啡。許多咖啡館使用自動濾泡機,也能沖出美味的咖啡,但那是商業機型,而且咖啡師會經常地進行校正。精品咖啡協會每季

會測試家用咖啡機，如果某台機器符合它的標準，就能成為精品咖啡協會認證的家用機，代表可以用它們沖煮出好喝的咖啡。截至寫這本書的此時，機器清單如下：

- Bonavita 8-Cup Digital Coffee Brewer 型號 BV1900TD（零售價：US$199.95）

- Bonavita 8-cup Coffee Brewer 型號BV1900TS（零售價：US$189.99）

- Behmor Brazen Plus Customizable Temperature Control Brew System（零售價：US$199）

- KitchenAid Custom Pour Over Brewer 型號KCM0802（零售價：US$230）

- KitchenAid Pour Over Coffee Brewer model 型號KCM0801OB（零售價：US$199.99）

- OXO On 12-Cup Coffee Brewing System（零售價：US$299.99）

- OXO On 9-Cup Coffee Maker（零售價：US$199.99）

- Technivorm Moccamaster（零售價：US$309 - $360）

- Wilfa Precision Automatic Coffee Brewer（零售價：US$329.95）

這份清單並非涵蓋所有可以煮出高品質咖啡的自動咖啡機，但是如果你正好想買一台，則可作為參考依據。看得出來它們都蠻貴的，所以對很多只是想在家沖煮咖啡的人來說不容易下手。

另外很重要的一點是，擁有一台機器並不代表你就能什麼都不想的簡單煮出一杯好咖啡。機器可能可以幫你顧及水溫和萃取時間，但是你還是要決定正確的粉水比、研磨粗細度和使用的咖啡豆，而且還得照著廠商說明書操作機器才行。

基本設置與技巧：完全浸泡

步驟一：將水煮沸。

步驟二：為豆子秤重，接著磨豆。

步驟三：將咖啡粉倒入容器裡。如果在秤上進行進行沖煮，要先扣重歸零。

步驟四：加水至設定的重量（或容量）為止。依照建議時間靜置。

步驟五：過濾／下壓咖啡。

步驟六：倒入杯中，即刻飲用。

完全浸泡的基本設置和技巧適用於：

法式濾壓壺 第210頁　　　　　　聰明濾杯 第222頁
愛樂壓 第217頁

手沖的基本設置和技巧適用於：

Melitta濾杯 第230頁　　　　　　Kalita蛋糕濾杯 第238頁
BeeHouse濾杯 第233頁　　　　　Chemex 第241頁
凡客壺 第235頁　　　　　　　　Hario V60濾杯 第244頁

備註：賽風壺的設置方法見第226頁。

基本設置與技巧：手沖

步驟一：將水煮沸。

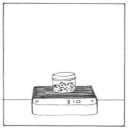

步驟二：為豆子秤重，接著磨豆。

步驟三：折濾紙（如必要），放進器材裡。

步驟四（選擇性的）：用熱水將濾紙完全浸溼後，將底水倒掉。

步驟五：將咖啡粉倒入濾杯裡。如果在秤上進行進行沖煮，要先扣重歸零。

步驟六：開始計時，根據建議時間和重量（或容量）悶蒸咖啡。

步驟七：加水，配合設定好的時間和重量（或容量）注水。

步驟八：等待咖啡濾至盛接容器中。

步驟九：即刻飲用。

濾器如何影響沖煮？

幾乎所有咖啡器材都需要某種過濾裝置，將咖啡粉從煮好的咖啡中過濾掉。如果使用全自動咖啡機，你可能很習慣看到一種波浪狀、平底的濾紙，很多機器都是使用這款。手動沖煮的方式使用的濾器一字排開則有各式各樣的選擇，設計給各種特定的器材用，也有與波浪型濾紙差異甚大的。（第58頁開始的器材簡介中會有更詳細的說明。）這些濾器有著各種形狀，使用不同的材質，而且並不是到處都能買到，這些都是在決定要使用哪一款器材前須考慮的種種因素之一。比方說，如果你根本就懶得一直跑去買濾紙，那你可能就要選擇內建濾器的器材。

我認為比起器材本身，濾器對沖煮出來的咖啡品質影響更大。像法式濾壓壺使用的金屬濾器、凡客壺的陶瓷濾器，都是最古老、最原始的濾器型態，將不可溶固體（咖啡粉）擋住，讓液體通過，讓咖啡更好入口。雖然這些濾器都夠細，可以過濾大部分的咖啡粉，但是不可溶油脂、固體（又稱細粉）等沈積、漂浮在杯底，非常細小的懸浮物質，都還是可以通過。所以這些濾器容易萃取出口感厚重（源自懸浮細粉）、調性濃郁（源自包覆風味的油脂）的咖啡。

同時，濾紙的出現可追溯到二十世紀初期，當時的濾紙就是設計來過濾較細的細粉和不可溶油脂，以沖出專家所謂有著「乾淨度」的咖啡。比起金屬或陶瓷濾器沖出來的飽滿醇厚度口感，有些人更喜歡這種咖啡，這一切都取決於個人喜好。

濾紙

第一張濾紙是在 1908 年由瑪麗塔 ‧ 班茲（Melitta Bentz）得到專利，她是一位德國家庭主婦，後來也成為咖啡器材配件史上最成功的廠商之一。

漂白（白色）、未漂白（自然棕色）與竹製濾紙

所有的紙天然狀態下都是棕色的。自然棕色的濾紙和白色的一樣，只是沒有經過漂白的程序而已。製造廠商宣稱自然棕色和白色兩者在味道上沒有區別，但是我不認同。自然棕色的濾紙會讓咖啡有種紙味。

如果你看到的濾紙是白色的，那就是加工過的，但並不表示那張濾紙是用從前常見的以氯化物漂白的手法所製成，如今大部分品質好的白色濾紙都是利用氧化物漂白，所以可以放心使用，不需擔心化學物質溶入咖啡或是環境裡。

對許多人而言，使用濾紙這件事情最大的考量還是環境。大部分濾紙都是百分之百生物可分解的，可以和咖啡粉一起當作堆肥，但是最好還是先和廠商確認過濾紙資訊。竹纖維被視為是一種可再生的資源，因此有些廠商也開始利用在他們的濾紙產品上。

在濾紙之前，大多數人使用濾布或是無濾紙設計的濾器沖咖啡，像是過濾壺。但是過濾壺會弄得亂七八糟，而且容易沖出帶苦味、焦味的咖啡。每天光是煮一杯咖啡就讓家庭主婦們得費力刷壺底的咖啡泥……所以有一天班茲拿了一個黃銅製的鍋子，在裡面打了洞，再鋪上一張她兒子在用的吸墨紙，將鍋子放在咖啡杯上，於是第一張濾紙和第一個濾泡器材就這麼誕生了。這個器材讓咖啡粉不會流進咖啡裡，方便清理、丟棄。班茲和她的家人馬上就開店販售這革命性的濾紙，一開始賣給熱愛咖啡的德國人，直到現在賣給全世界。

她的公司「Melitta」成為濾紙創新的先驅。1910 年代，班茲的濾紙已經變成圓形；到了 1930 年代，則成了最廣為人知的錐形，與錐形濾杯一起搭配使用。現代所有錐形濾杯和器材都是根據這個簡單、高雅的設計而來。Melitta 也是第一間販售未漂白（自然棕色）濾紙的公司，並接著推出漂白程序中不含氯化物的白色濾紙，兩者都是今日業界的標準規格。

當然 Melitta 還是咖啡和配件的領導者，不過濾紙現在已經有各式各樣的形狀、大小，以因應不同的器材。比方說，愛樂壓的濾紙又小又圓，而 Kalita 蛋糕（波浪狀）濾杯則讓人想起曾經用在自動機上的濾紙。

浸溼（或不浸溼）濾紙的重要性

不論你選擇的是哪一種器材，如果會用到濾紙，那麼大部分的咖啡專家會建議你在開始沖煮之前先用熱水將濾紙完全浸溼，再倒入咖啡粉，注水進行沖煮。這個步驟的重要性有幾個論點，其中之一在於浸溼濾紙可以改善大部分錐形濾杯的功能性，有些濾杯甚至很依賴這樣的手法。

浸溼錐形濾紙可以讓濾紙和濾杯有斜度的杯壁緊密貼合，但又不會完全密合，因為每種器材都有（也應該要有）能使空氣流通的獨特方式。比方說，Melitta、BeeHouse、V60 濾杯內側的杯壁有各種結構設計，都是為了增加讓空氣流動的空間。而 Chemex 的濾紙在適當浸溼後，則會緊貼在漏斗平滑側，更加強化濾杯上相對位置的兩道空氣通道。這些設計都是為了調節氣流，如果沒有氣流，濕潤的濾紙會造成真空，使得流速變慢或停止。氣流量太小的時候，水就會和咖啡粉接觸過久，萃取出咖啡的苦味及較不悅人的物質。反之，氣流量若太大，水通過咖啡粉的速度就會太快，沖煮出來的咖啡淡而

無味。浸溼濾紙可以確保你的器材從頭到尾都火力全開。

最受歡迎的手煮咖啡器材通常講究在密合和氣流之間達到完美平衡，確保一致的萃取率。也許你也已經觀察到，設計師們不斷嘗試發明外觀更簡單的錐形濾杯。有些人感興趣的是能在科學上達到完美的咖啡，然而也有些人似乎更注重美學。如果你想要買這種新奇、追求美學的濾杯，可以先研究該濾杯如何讓氣流通過。如果沒有導流的設計（沖出來的咖啡可能會嚇到你），那它就不是你在尋找的器材。

另外，先將濾紙浸溼可以將濾紙的紙味帶走，避免咖啡染上味道。對我來說，這是浸溼濾紙最具說服力的理由，因為如果我不浸溼濾紙，我的味蕾喝得出紙味。我發現特別是自然棕色的濾紙，在使用前更需要好好地浸溼過。還沒說服你嗎？試著浸溼你的濾紙，然後嚐嚐洗濾紙的水。你應該能馬上察覺出紙味。在一場濾紙的盲測中，我、安德列、所有的參與者都可以喝出洗過自然棕色濾紙的水，就算是洗第二次也喝得出來，還有我們大多數的人也喝得出第一次洗白色濾紙的水。如果你喝不出洗過自然棕色濾紙的水，拿一杯新鮮、乾淨的開水比對看看吧！在這個實驗中，區分乾淨的開水和洗過第二次白色濾紙的水非常困難，這就是我在家幾乎只使用白色濾紙的理由。

毫無疑問地，帶有濾紙味道的水會影響你沖出來的咖啡味道，畢竟咖啡的組成 99% 是水。聽我的警告：如果你跟我一樣，一旦你在咖啡裡喝到濾紙味，你餘生都會害怕這種味道。如果你曾經喝過用紙杯裝的外帶咖啡你就知道，喝起來全是紙味而非咖啡味。務必小心！

最後，浸溼濾紙，讓熱水流進你的沖煮容器裡，可以預熱容器。最後這個理

由也許最不重要，不過卻呼應了好咖啡需要穩定沖煮溫度的概念。這一切的影響力究竟有多大？證據就在你的杯子裡。我浸溼濾紙，是因為如果我不那麼做，就會在咖啡裡喝到紙味。

永久性濾器

濾紙之外的選擇就是永久性的濾器，可能是金屬、陶瓷或布料。有些特定器材會附帶永久性濾器，例如法式濾壓壺活塞上的金屬濾網，或是凡客壺中十字交織的陶瓷濾網。然而，只要做點功課你就會發現，單獨販售的永久性濾器相較於本書提到的濾紙通常更耐用。

如同前面提過的，使用永久性濾器當然也會影響到沖煮出來的咖啡風味。不管濾網有多細、濾布有多密，任何永久性濾器比起濾紙都會讓更多細粉和油脂通過。這不全然是件壞事，完全取決於你的喜好。當你使用了適切的研磨粗細度，新鮮且烘焙得宜的咖啡豆，又正確地進行沖煮，那麼額外的細粉和油脂應該不會造成問題。不過，不新鮮的咖啡（事先磨好的現成咖啡粉也可視作不新鮮）用永久性濾器沖出來的味道都特別差。咖啡不新鮮就表示豆子裡的成分（尤其是油脂）已經開始氧化。氧化是指氧氣將一種物質轉化為另一種物質的過程，這對任何食物都不是件好事，對咖啡尤其糟糕！因為氧氣會將咖啡的好風味瞬間轉變成差勁的味道。大多數的永久性濾器過濾油脂的效果都遠不及濾紙，因此所有不好的味道都可能落入杯中。

同樣地，永久性濾器也較容易造成殘渣殘留，而氧化後的咖啡油脂會散發油臭味。這樣的殘留絕對會影響沖煮出來的咖啡風味，而且絕對不是變得比較好喝。因此每一次使用後都要確實清潔你的永久性濾器，別讓殘留的咖啡油

脂黏在上面。

濾布

為了環保，很多人會轉向使用可重複利用的濾器。如果你喜歡濾紙過濾的咖啡，但是想要可重複利用的選擇，那麼濾布是個好主意。有些器材，像是賽風壺就是使用特製的濾布。你也可以找到適合大部分的器材（包括 V60 濾杯和 Chemex）又相對便宜的濾布選擇。濾布對於不可溶固體和油脂的過濾性幾乎與濾紙相同（我個人是分不出差異），但是濾布有一點麻煩：其一是在第一次使用前你得先將它們煮過，以進行消毒；之後每幾個月煮沸一次，維持清潔。另外在每次使用後，建議將濾布泡水並放入冰箱。如果不好好照顧這些濾布，它們就會發出臭味，使用的時候就會有噁心的味道跑進你的咖啡裡。

完全浸泡器材

法式濾壓壺（或稱為濾壓壺、法壓壺、咖啡壺）

法式濾壓壺在世界各地有多種名稱，可能是濾器沖煮系統中最古老的器具之一。我說「可能」，是因為沒人能確定它來自何時何地。有些資料顯示，早在 1850 年代，法國就已經在使用法式濾壓壺了。在濾器出現之前，人們煮咖啡是將咖啡粉和水混在一鍋裡煮沸。民間流傳某天一個法國人將水燒開後，發現自己忘了放咖啡，等他把咖啡倒進去後發現所有的咖啡粉都浮在水上，根本沒辦法喝。於是這個手很巧的法國人就找了一片金屬網放在鍋子上，再用一根

濃郁、醇厚度飽滿的味道

價格	● ● ○ ○ ○
可取得性	● ● ● ● ●
技巧	● ○ ○ ○ ○

沖煮方法見第210頁

棒子將咖啡往下壓⋯⋯於是，他就做出了第一個法式濾壓壺！咖啡喝起來也很好喝（可能是因為咖啡粉沒有經過煮沸，所以不會苦得要死），於是這個法國人就再也回不去了。

2014 年，紐約時報的一篇文章使得這個故事更有可信度，至少時間點吻合。根據那則報導，兩位巴黎人——一位鐵匠、一位商人——在西元 1852 年 3 月取得的一項共同專利，正是一種符合法式濾壓壺基本原理的器材。該件專利描述的濾網上連接有一根棒子，讓使用者可以用來下壓到一個圓柱狀的容器裡。聽起來是不是很熟悉呢？

雖然如此，法式濾壓壺一直到 20 世紀才在歐洲普及開來，而且有些資料堅稱第一個「正式」的法式濾壓壺一直到 1929 年才取得專利，在那件專利裡，義大利設計師阿提里歐 • 卡里曼尼（Attilio Calimani）為他的發明提出申請：「一項用於製備飲品的裝置，尤其是用於製備咖啡。」1950 年代，另一名義大利人，法理耶羅 • 邦德尼尼（Faliero Bondanini）則將設計優化後為他自己的「咖啡過濾壺」提出專利申請。他開始量產這個器材，透過大型廚具公司，像是 Bodum 等品牌通路銷售，在整個歐洲廣受歡迎。相對於此，法式濾壓壺過了許久以後才在美國流行開來。

如今，法式濾壓壺幾乎在任何廚具用品店都買得到，有各種尺寸與材質，玻璃和塑膠都有。雖然過去多年來法式濾壓壺多少有些改變，但是至今仍然承襲了令人讚嘆的簡單設計：注水、等待、下壓、享用。正因如此，這個方法非常適合初學者，以及那些喜歡用比較直接的方式沖煮咖啡的人。法式濾壓壺不需要特別的技巧或手沖壺。一般而言，等待咖啡沖泡的時間就能讓你開始完成早上的其他任務。

法式濾壓壺也是變化性最大的咖啡器材之一，你可以用它做冷萃（見第 215 頁），也可以泡茶，甚至可以用它來打奶泡製作拿鐵或熱可可。如果你想要廚房裡有個多功能器材，法式濾壓壺絕對是個不錯的選擇。唯一的缺點是比較難清理，但是這不是藉口，如果要確保不會有咖啡粉和油脂殘留，就要在每一次使用完畢確實清潔（是的，要將活塞拆開來清）。

如何使用
使用法式濾壓壺時，咖啡粉和水的接觸時間相對較長，所以切記要使用研磨

粗細度相對較粗的咖啡粉，讓萃取率慢下來，確保沖煮出的咖啡不會過於苦澀又過萃。

法式濾壓壺的濾網（通常是金屬材質）無法過濾所有的咖啡粉，跑進你杯子裡的細粉仍會持續萃取，所以泡好的咖啡要儘快飲用或從壺中倒出。咖啡泡好後放置越久，越有可能會造成過萃。（這是另一個購買磨盤式磨豆機的好理由，見第 87 頁。）不過細粉並不完全是件壞事，它們可以為咖啡增添口感，變得厚實、絲綢觸感，和濾紙沖煮的咖啡形成鮮明對比，這也是法式濾壓壺會吸引這麼多人喜愛的獨特之處。

冷萃

冷萃已經有好一段歷史，可能從一開始發現咖啡就有了，而且手工咖啡館使用冷萃方式製作咖啡已經行之有年。近年因為較大型的連鎖咖啡店推出這種作法，才使冷萃開始流行起來。冷萃咖啡濃郁、強烈的風味和滑順感，以及低酸質，讓它喝起來非常順口。因為咖啡是以冷水沖泡後放置在低溫環境，所以就算加了冰塊也不太會被稀釋（如果使用熱咖啡倒在冰塊上做成冰咖啡，就會馬上被稀釋），當然不加冰塊也是完全可以的。難怪冷萃咖啡在夏季會成為咖啡店的經典品項。

然而你可能還不知道，在家裡就可以輕鬆做出冷萃，而且很多器材都適用。在這本書裡，我介紹了最基礎的法式濾壓壺冷萃法，以及聰明濾杯（因為它本身的設計就很適合完成這項任務）冷萃法。冷萃是「放著不管」沖泡法的極致表現，在家裡做起來也很省錢。冷萃的寬容度很高，所以就算是相對便宜的綜合豆，也可能沖泡出令人為之驚艷的飲料。此外，正常來說，使用真空容器密封後放入冰箱裡，能保存一兩個禮拜。

法式濾壓壺為咖啡創造出了獨特的風味表現。法式濾壓壺的咖啡通常比其他咖啡的味道強烈濃郁，能帶出豆子的深焙特色，像是巧克力、泥土或是花香調性。這主要是由於法式濾壓壺的濾網不像濾紙會將油脂濾掉，而是讓其留在泡好的咖啡裡。正因法式濾壓壺能強調出咖啡飽滿的風味，我建議選擇強調豆子風味的烘焙方式，而非依據烘焙程度。

有些咖啡專家對法式濾壓壺不屑一顧，可能是因為要使用它來表現咖啡裡細緻的風味相對困難。另外也有人認為法式濾壓壺是最純粹的萃取方式之一，因為它是最接近「杯測」的方式。（杯測：咖啡專家用來評鑑咖啡新豆時進行的一種極為嚴謹的程序。）

就算是冷水也能將咖啡的風味萃取出來，只是比起熱水需要更長的時間，有時候可能要花上12～15個小時。但是等待絕對值得。長時間的沖泡會帶出咖啡裡香甜濃郁的風味，而且感受到的酸質很低。使用冷水沖泡咖啡時，咖啡分子的氧化和降解的過程（也就是熱咖啡放太久變難喝的過程）會變得緩慢。還記得咖啡的可溶物質溶解速率不同嗎？那些會造成過苦風味的物質會最後溶解。這就是為什麼過萃的咖啡（咖啡粉和熱水接觸時間過久的咖啡）喝起來會苦。但是利用冷萃時，水溶解可溶物質所花的時間很長，所以就算過了12～15個小時，苦味成分很多都還沒被溶解出來。

然而，並不是所有的咖啡分子都能用冷水溶解出來，所以需要使用更多的咖啡粉。我介紹的兩種冷萃濃縮液，都使用1:6的沖煮比例，濃度比其他熱水沖煮法都來得高。濃縮液可依喜好進行稀釋，加水就可以調整咖啡濃度。

冷萃咖啡通常會帶出與熱水沖泡的咖啡完全不同的風味走向。我曾經喝過一次冷萃，嚐起來就像美味的成熟番茄，是我在熱沖泡的咖啡裡從來沒有喝過的風味。試著做個好玩的實驗：將同樣的咖啡分別用冷萃及熱沖泡萃取，再比較看看兩者的味道。

愛樂壓

我可以大膽地說，愛樂壓是唯一由飛盤製
造商發明的咖啡器材。它是由知名飛盤公
司愛樂比（Aerobie）的創辦人、設計者兼
工程師艾倫・阿德勒（Alan Adler）多年
來研發的成果。他當時的目標就是要創造
出一款能完美萃出單份咖啡的器材。

雖然愛樂壓在咖啡的世界裡算是新角色（於
2005 年發行），但其簡單與快速的特性使
得它大受歡迎。大概沒有其他器材能夠以
如此短的時間沖煮出相同美味的咖啡。而
且愛樂壓既輕又耐用（使用不含 BPA 的
塑膠製成），特別適合帶出門旅行，它的

超極速的沖泡時間

價格	• • • • •
可取得性	• • • • •
技巧	• • • • •

沖煮方法見第217頁

用途廣泛到超乎想像，你可以找到數十種有關愛樂壓的創意沖煮方式。不
同於其他器材的是，愛樂壓似乎各種研磨粗細度、沖泡時間、水溫都能適
應。咖啡社群甚至還發展出一種新的使用方式，叫做「顛倒法」（Inverted
method）。本書除了介紹一種很接近阿德勒本意的沖煮手法之外，也介紹了
顛倒法。

此外，人們很喜歡用愛樂壓來試做其他飲料，廠商本身推薦用愛樂壓製作類
似濃縮咖啡的飲料，使用者可以加入適當的牛奶，做像是拿鐵和卡布奇諾
等濃縮咖啡飲品。它還能用來泡茶。對於愛樂壓做出的濃縮咖啡飲料我並不
買單，但不表示不好喝，也不表示你不會喜歡。試試看吧！如果你喜歡做實

驗或把玩有多種用途的廚具，愛樂壓絕對是可以考慮購買的器材。

愛樂壓越來越受歡迎，所以在網路上和實體店面大部分都買得到。很多手工咖啡館都有在賣愛樂壓，而在我寫這本書的此時，像是 Target、Bed Bath & Beyond、Crate and Barrel、Williams Sonoma 這些美國大型零售賣場也有販售。

你不需要手沖壺就能用愛樂壓做出很好喝的咖啡，也不需要額外的下壺或盛接容器，因為它的設計就是可以直接過濾到咖啡杯裡。愛樂壓只有一種尺寸，但是用一支愛樂壓煮一到四人份的咖啡，會比外面其他器材（包含典型的電子式咖啡機）還要快速。使用愛樂壓沖泡的咖啡通常因為用了較細的粉和較低的沖煮比例，會使醇厚度增加並降低酸質。如果你對酸質敏感，不妨試試愛樂壓。

愛樂壓濾紙

這些小小的圓形紙片是專門為了放進愛樂壓狹窄的沖煮容器而設計的，使用與 Melitta 濾紙相似的材質製作，但是不像 Melitta 濾紙會特別強調上面的細孔。愛樂壓的濾紙一包350張／8美金（通常在購買器材時就會附350張），在手工咖啡館通常都買得到。

不同於其他濾紙，愛樂壓濾紙相對耐用，濾紙的形狀易於清洗、晾乾，故能重複利用。如果你想要重複使用愛樂壓濾紙，確實地清潔後讓它完全乾燥。殘留的油脂和潮濕帶來的臭味恐怕無法沖出美味的咖啡。最後，愛樂壓原廠濾紙只有白色的，如果你偏好自然棕色的濾紙，廠商建議你自己做。將原廠

的白色濾紙當作版型，將你選擇的自然棕色濾紙沿著版型剪下即可。或者有些第三方廠商也有販售愛樂壓專用的金屬濾網。

如何使用

愛樂壓是一種手壓法，你可以將它想像成一支巨大的注射器。咖啡和水倒進沖煮容器裡，將活塞放入後下壓，迫使咖啡通過濾紙和容器底部的塑膠孔狀濾蓋之後，流進你的杯子裡。它的原理與法式濾壓壺有點像，但在幾個關鍵處有所差異。

首先，愛樂壓的設計是使用圓型濾紙，法式濾壓壺則是金屬濾網。濾紙可以使用較細的研磨粗細度，所以比起法式濾壓壺萃取時間較短。這使得愛樂壓的咖啡通常有著飽滿的醇厚度、清楚的味道，不像金屬濾網會沉積細粉。另外，以正統的愛樂壓手法而言，水穿透過咖啡粉時，是藉由沖煮容器裡的氣體進行擠壓，而不是活塞本體，這也使得施壓較為平均。

清潔時，只要簡單轉開蓋子，將愛樂壓拿到垃圾桶或堆肥桶上方，推擠活塞直到咖啡粉餅、濾紙掉出來。徹底清洗、乾燥器材後，就可以進行下一次沖煮。愛樂壓很好照顧，只要記得定期用加了清潔劑的熱水清洗活塞就可以了。

聰明濾杯

聰明濾杯是 2000 年代後期由台灣宜家貿易公司旗下品牌 Abid（Absolutely Best Idea Development）設計與製造。不同於其他器材，聰明濾杯只有塑

膠材質（不含 BPA），而且只有一種尺寸。聰明濾杯「看起來」就像個標準的手沖器材——有著錐形的外觀，而且也使用濾紙（適用 Melitta 四號錐形濾紙），但是它的沖泡原理其實更接近法式濾壓壺。它的設計宗旨就是要盡量簡化咖啡的沖泡過程，也是本書裡介紹的方法中最不費力的器材之一。

不慌不忙的沖煮時光

價格	●●○○○	
可取得性	●○○○○	
技巧	●○○○○	

沖煮方法見第222頁

聰明濾杯的設計絕對友善，比方說就算你用一支普通的茶壺來注水，也不會阻礙你沖出一杯好喝的咖啡，這對別的器材來說可能就辦不到。此外，它可以直接將咖啡濾進咖啡杯裡，不需要額外的下壺。相較於法式濾壓壺等浸泡式沖煮法好清理許多，只要將濾紙拿起來丟掉就好了。若有人喜歡浸泡式的簡單好上手，但是又喜歡濾紙過濾的乾淨口感，那麼聰明濾杯就是很理想的選擇。它還能拿來沖泡冷萃呢！（見第225 頁。）

聰明濾杯的缺點在於它不像其他沖煮器材那麼好取得，大部分大型零售賣場並未販售，某些手工咖啡館或許有賣，但是也不普遍。不過透過網路的話倒是很容易買到。

如何使用

雖然聰明濾杯的形狀是向錐形濾杯借鏡而來，它仍然是完全浸泡法，在整個萃取過程中咖啡粉和水都泡在一起。聰明濾杯的底部有個止水閥，當你將它

放在下壺或是咖啡杯上面，鬆開該機制，咖啡才會流下來。所以整個沖泡過程只需要將水倒進聰明濾杯裡，等待萃取時間，再將器材放到杯子上等咖啡流完就好了。

有些專家覺得聰明濾杯在沖泡過程中溫度下降得太快，也有人覺得它的設計常使得濾紙上塞滿細粉，導致沖泡時間變長而沖出過萃的咖啡。我和安德列覺得失溫的問題並沒有足夠的理論依據，畢竟專家們在杯測時，常將咖啡靜置在一旁 12 至 15 分鐘才品飲，且未加蓋，那時卻幾乎沒有人會去討論失溫的問題。不過我們的確發現，使用較細的咖啡粉有時候會造成濾紙阻塞。

賽風壺（真空壺）

長達一個多世紀以來，人們都使用賽風壺（也稱為真空壺）來製作美味的咖啡。一切得從 1830 年開始說起，那時來自柏林的羅艾夫（S. Loeff）為了這個器材申請了一個專利，但是並未得到商業上的成功，直到 1840 年代有位名為瑪麗 · 菲尼 · 阿梅爾尼 · 瑪索特（Marie Fanny Amelne Massot）的法國女性改善了該設計，並使用瓦瑟夫人（Mme. Vassieux）這個名稱申請了專利，之後才大獲成功。她的設計著重美感——一個金屬支架連結兩個垂直懸

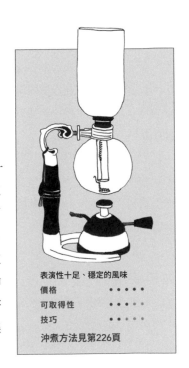

表演性十足、穩定的風味

價格	● ● ● ● ●
可取得性	● ● ● ● ○
技巧	● ● ● ● ●

沖煮方法見第226頁

掛的球型玻璃壺，上壺還加了皇冠般的蓋子。

過去幾年賽風壺的設計有些改變，但是原理不變。直到現在，這個沖煮方式本身仍似乎是為了表演效果而設計（或至少也像一場科學實驗）。人們對賽風壺的印象就是它永遠都是很好的展示品，也許能在一個維多利亞式的大廳裡娛樂客人。1910 年，賽風壺第一次在美國（以 Silex 之名）製造和銷售，當時它的光彩已經沒有像一開始那麼絢爛，但是仍然足以引起眾人的驚嘆與好奇。也許這就是為什麼賽風壺近年在咖啡社群裡又捲土重來的原因吧。

今日賽風壺的兩大製造商分別是 Hario 和 Yama 兩家販售各式各樣咖啡器具的日本公司，以及知名品牌 Bodum 也有販售。賽風壺有三杯份、五杯份和八杯份各種尺寸型號。賽風壺需要熱源，如果不是購買直接在爐上加熱的型號，要注意是否有配套販售，或是另外購買。用酒精燈加熱的型號比較便宜，也有廠商推出無焰式的加熱源，但要再多上幾百美金或以上。如果你選擇的是直接在爐上加熱的型號，會建議再買一個放在器材和熱源之間的散熱墊。Bodum 的商品可以在較高級的零售商如 Crate and Barrel 找到；日本品牌則可以在百貨公司、網路及一些咖啡館看到。

賽風壺最大的缺點就是價格頗為昂貴，但是它用起來非常有趣！賽風壺精緻易碎，使用起來需要小心維護，所以如果你手腳比較粗魯，這個器材可能就不太適合你。雖然賽風壺並非最實用的器材，我敢說它是穩定性最高的沖煮方式之一，因為它的沖煮程序大多是自動發生的，除了選擇使用的豆量和看溫度計之外，人為的介入非常少。KitchenAid 生產的自動賽風壺雖然並非手動沖煮，一樣也很有趣。

賽風壺濾器

Hario 和 Yama 的賽風壺都需要小小的圓形濾布。Bodum 的型號則是使用機器內建的塑膠濾器。濾布可以重複使用，但還是需要仔細照料才能讓它就算長期使用也能好好發揮功效。第一次使用時，沖煮前要先將濾布煮沸幾分鐘；使用後則要徹底清洗，然後用乾淨的水浸泡，放冰箱保存。往後在每一次使用之前，先將濾布浸泡在乾淨的溫水裡五分鐘。同時會建議你定期將濾布煮沸，保持清潔。小心有雷：如果你不好好地照顧它，你的咖啡喝起來就會像臭襪子。

如何使用

賽風壺屬於浸泡式沖煮法，但是卻與其他浸泡式很不一樣。水在下壺由熱源加熱後，上下壺的壓力差異會使水沿著一根玻璃管往上壺送（上壺又稱為粉槽）。等上壺的溫度穩定之後（大約華氏 202 度、攝氏 94 度），就是加入咖啡粉的時間點。你會覺得水（也就是萃取咖啡的水）看起來好像在沸騰，但其實不然——那是空氣被玻璃管吸入到上壺時造成的擾動。待沖煮過程完成後，移開熱源，壓力會再次改變，將煮好的咖啡再次推回到下壺。上壺底部裝有濾布，能避免咖啡粉跑進下壺裡。使用賽風壺沖出來的咖啡既滑順又濃郁，而且細粉非常少。

過濾式咖啡壺的悲劇

你可能會想，為什麼這本書裡沒有提到過濾式咖啡壺？雖然兩百多年來，過濾式咖啡壺忠心耿耿地為咖啡族提供咖啡，咖啡的風味品質卻不甚理想。基本上要使用過濾式咖啡壺煮出好喝的咖啡非常困難，因

為沸騰的水反覆地通過咖啡粉，導致沖出來的咖啡通常充滿焦味、過萃。我相信有些咖啡玩家有能力駕馭過濾式咖啡壺這頭野獸，讓它乖乖聽話，但是對於剛開始嘗試在家沖煮的初學者來說，我不認為這是個好器材。

手沖器材

Melitta濾杯

雖然 Melitta 是第一個錐形手沖系統——由瑪麗塔・班茲在 1908 年發明了咖啡濾紙之後很快又發明了這個濾杯（見第 53 頁），但是我卻很少在咖啡吧台上看到它的蹤影。反而你會較常看到其他廠商對班茲原版設計做出的變化版，其中多款我在這一章也會提到。我初次嘗試在家沖煮用的就是這項器材，它也是第一個讓我在咖啡裡嚐到不

原始的手沖器材

價格	● ● ● ● ●
可取得性	● ● ● ● ●
技巧	● ● ● ● ●

沖煮方法見第230頁

同風味的器材。Melitta 濾杯也許不像其他器材那樣光鮮亮麗或是時髦，但是它很實用，而且其設計有較大的容錯率。

Melitta 濾杯容易取得，而且價格親民，對手沖新手來說，這點非常加分。六杯份的塑膠版本在零售賣場的售價大約是 10.99 美金，大型零售賣場也都找得到（當然網路上也都有）。而對那些想從塑膠廚具升級的人來說，Melitta 濾杯也有出陶瓷版。如果你是手沖新手，不想花大錢，Melitta 系統是個好的開始。

Melitta濾紙

Melitta 的錐形濾紙（也有人稱「梯形」濾紙）很適合初學者，因為它與許多器材吻合，而且通常可以在任何超市（甚至藥局）找到。我記得在投入咖啡之前就常到處看到顯眼的紅綠相間包裝，那時我就在想：「這些東西到底是做什麼用的？」你也很可能早就在自動咖啡機上使用這個牌子的平底濾紙了。你可以在同一排雜貨櫃上找到錐形濾紙與平底濾紙。如果你不想在各種客製化濾紙間迷失，Melitta 的錐形濾紙會是個好的開始。一盒濾紙一百張，價格在 6 ～ 8 美金之間。

Melitta 的錐形濾紙上方開口較寬、呈圓形，下方底部則是平邊，濾紙一側和底部這兩邊都有縫線，使用前先拿起平坦未打開的濾紙，接著沿著底部的縫線折起後，再沿著濾紙一側的縫線折起。我會確定兩個縫線是一正一反地折起，這有助於濾紙穩穩地貼合在濾杯裡，也提供雙重保護，避免濾紙破損（雖然我從來沒有真的弄破過）。打開濾紙後放置在濾杯裡，就可以準備沖煮了。Melitta 錐形濾紙有好幾種尺寸，以符合不同的濾杯大小，2 號和 4 號濾紙是最熱門的。請為你的濾杯選擇剛好的濾紙，雖然我也知道如何很快自製一張濾紙，我卻不建議這麼做，畢竟如果你沒有使用合適的配件，就不能期望一個器材能有適當的表現。

可使用 Melitta 錐形濾紙的器材

●Melitta濾杯　　●BeeHouse濾杯　　●聰明濾杯

如何使用

Melitta 是最原始的梯形濾杯，濾杯必須放在某個容器上方（馬克杯或是下壺），且搭配濾紙使用。濾紙是另外購買的，沖煮前放入濾杯裡。當你朝濾杯裡注水，水會一路流向咖啡粉層，通過濾紙，再穿通過導流孔，最後流進盛接的容器。Melitta 的錐形設計底部是平的，所以需要形狀相似的濾紙。這個濾杯內側有著溝槽，有助於調節氣流，底部有一個中等大小的孔洞（有些手沖器材底部是一個單一的大洞；BeeHouse 則是底部有兩個洞）。這個設計能使得水通過咖啡粉層的速度變慢，而這樣的特質通常能使器材的容錯率較大。一旦器材本身就能幫你控制好一部分流速，你的手沖技巧就不用非常突出。

Melitta 的設計比起其他器材的確比較容易造成細粉的移動，因為只有一個相對小的孔洞讓水通過，細粉沈積後造成流速更加緩慢。我會建議你在注水的時候盡量地遠離濾杯的杯壁。

BeeHouse濾杯

BeeHouse 濾杯的設計基於 Melitta 之上，是升級版的梯形、錐形濾杯，有兩種尺寸。它和 Melitta 非常相似，差別在於 Melitta 底部有一個排水孔，而 BeeHouse 有兩個。濾杯內側的溝槽也有一點不同，且BeeHouse 皆為陶瓷材質。如果你喜歡直接

兩個洞比一個洞好（？）
價格　　　　　● ● ● ● ●
可取得性　　　● ● ● ● ●
技巧　　　　　● ● ● ● ●

沖煮方法見第233頁

將濾杯放在馬克杯上注水，BeeHouse 可能會很吸引你，因為它幾乎能放在所有的咖啡杯上，而且濾杯下方有觀景窗，能夠觀看杯中已經盛接了多少咖啡。BeeHouse 作為一項手沖器材，自然比浸泡式器材需要更多技巧，但是它仍是最簡單上手的手沖器材之一。比方說，我覺得它比 V60（見第 80 頁）好駕馭。不論如何，它可能是我第二喜歡的器材。

除此之外，對那些不想煩惱去買特殊濾紙的人來說，BeeHouse 是個好選擇，因為它和 Melitta 的濾紙相容（大尺寸可用二號或四號，小尺寸用二號就好），幾乎在任何超市都買得到，售價也相對便宜。正因如此，BeeHouse 無疑能為你開啟通往手沖世界的大門。

然而，一個缺點在於它在較大型的連鎖零售賣場通常買不到，不過比起聰明濾杯，它在手工咖啡館裡還算常見。而且別忘了，還有網路呢。

如何使用

BeeHouse 是標準的手沖過濾系統，但是它的設計（也就是那兩個排水孔）比起其他像是 V60 和 Chemex（見第 77 頁）更加限制水流，這表示就算技術不甚完美，它也有比其他器材高的容錯率。它的設計讓你在注水時比較沒有時間壓力，所以比起其他器材，你可能會覺得使用 BeeHouse 時輕鬆許多。以 BeeHouse 來說，研磨粗細度是決定流速最主要的因素，所以你可以盡情地用不同的粗細度進行實驗，看看研磨粗細度會如何影響沖煮時間。

BeeHouse 沖泡出來的咖啡就像大部分的錐形濾杯一樣充滿乾淨度，而且較長的沖煮時間更能夠萃取出較甜的風味。有些專業咖啡師認為用 BeeHouse

濾杯會流失一些風味複雜度，並評斷它也許根本就沒辦法做到像 Chemex 或是 V60 那麼好。無論如何，我覺得這個濾杯是不論你用哪種豆子，都能為你在家沖泡咖啡時提供穩定的結果。

凡客壺（Walküre）

由四件高級瓷器組合而成的凡客壺（Walküre，讀音是 VAL-kur-ee，是德文！）已經存在超過一百年了。1899 年，西格蒙德 · 保羅 · 梅耶（Siegmund Paul Meyer）在德國拜羅伊特（Bayreuth）設立了瓷器工廠，時至今日凡客壺仍在同一間工廠生產製造。梅耶的產品需求度很高，促成他在 1906 年啟動了凡客壺系列的家用產品。有著美麗的外表和簡單的沖泡方式，對於想要同時滿足視覺與使用便利性的人來說，凡客壺是手沖器材中完美的選擇，我在此公佈，它是我最喜歡的器材。

純粹主義者的夢想

價格	● ● ● ● ●
可取得性	● ● ● ● ○
技巧	● ● ● ○ ○

沖煮方法見第235頁

根據我的經驗，凡客壺的容錯率相對地高。它不需要濾紙，卻又比其他同樣不使用濾紙的器材（像是法式濾壓壺）更能沖泡出一杯乾淨的咖啡。凡客壺的陶瓷濾器可以讓油脂和其他不可溶物質通過，但是藉由緩慢的注水就能沖出一杯風味細緻又複雜的咖啡。然而要特別留意的是，落入下壺的細粉可能造成過萃，不過只要在沖泡好後馬上倒入杯中就能避免。

我承認凡客壺是這本書裡最神祕的器材之一，在家用品店絕對找不到它，而且你家附近的咖啡館就算有賣一些較不主流的器材，如聰明濾杯，也不太可能有賣凡客壺。不過從網路上買就容易多了，尤其是專門販售咖啡器具的網站。凡客壺的另一個缺點在於它的價格，最小的卡爾斯巴德壺（Karlsbad，0.28 公升）是比較傳統的樣式，大概要 89 美金；而外型較俐落、現代的拜羅伊特壺（Bayreuth），最小尺寸也要將近 110 美金。我使用的是中等尺寸（0.38 公升），另外大尺寸的（0.85 公升）也買得到，尺寸越大價格越高。此外要考慮的另一點是最小的凡客壺沒有辦法一次沖煮多杯咖啡。我用中等尺寸可以沖泡兩小杯咖啡，但是最好還是將它視為一人份的沖泡器材。

如何使用

接著談談凡客壺的零件，由下往上說起——首先是附有手把和壺嘴的盛接容器，可以將咖啡倒入杯中。接著是圓筒狀的沖煮容器，其底部有雙層十字交織的孔洞，也就是這個器材內建的濾器，沖煮時將咖啡粉直接放置在其上方。再往上是杯狀注水層，杯緣卡在沖煮容器上。沖煮時，將水注入注水層，待水緩慢地從注水層下緣孔洞沿著容器邊緣往下流至下方的粉層。最後是上蓋，剛好蓋在注水層上方，以維持沖煮時的溫度，沖泡完成後也可以蓋在盛接容器上，再倒入杯子裡享用。

每一次我在使用凡客壺沖煮時，都會讚嘆設計者的巧手天工，凡客壺優點實在很多，從注水層開始，這獨特的設計能夠控制水的流速，讓水以穩定的速度均勻地灑在咖啡粉層上，也能將擾動降至最低。正因如此，你並不一定需要一個能緩慢注水的手沖壺或是一隻穩定的手。另一個優點在於它不需要濾紙，內建的濾器看起來好像不太可靠，但是它卻能有效地過濾大量的細粉。其實這個器材的設計讓咖啡粉層本身就像是濾器一樣，在細粉跑進咖啡裡之

前就將其攔下（有時這稱為「濾餅過濾」）。有些細粉還是會通過，但是因為盛接容器上壺嘴的位置（至少以卡爾斯巴德壺而言），我發現最後會倒入杯子裡的細粉非常少，而是在清理盛接容器的時候才會發現它們。

Kalita蛋糕（波浪狀）濾杯

Kalita 是一間日本公司，一開始於 1958 年在東京做濾紙起家，後來將製造產品擴展到咖啡沖煮器材，像是熱水壺和蛋糕濾杯。Kalita 於 1959 年推出第一款濾杯，原本的設計據說受到 Melitta 濾杯極大的影響，而比起 Melitta 濾杯底部的一個孔洞，Kalita 則有三個洞。（我不確定是不是巧合，但

省麻煩、細緻的風味
價格　　　● ● ● ● ●
可取得性　● ● ● ● ●
技巧　　　● ● ● ● ●
沖煮方法見第238頁

是品牌名稱和商標都非常相似。）在那之後，Kalita 原本的濾杯進化到蛋糕濾杯，成了獨特的手沖器材，濾杯平坦的底面也是其特色之一。

Kalita 蛋糕濾杯有兩個尺寸，型號 185（大）和 155（小），分別需要相應尺寸的濾紙。濾杯的材質有陶瓷、玻璃或不鏽鋼可以選購。在寫這本書的此時，一些知名的廚具零售賣場並未販售 Kalita 蛋糕濾杯，不過你可能可以在家附近的手工咖啡館買到，尤其是如果店家本身就是用蛋糕濾杯製作手沖咖啡。或是像 BeeHouse 濾杯一樣，你也可以上網購買。

很多專家認為 Kalita 蛋糕濾杯功能性高、容錯率也高。濾杯的設計在調節

水流上有很好的表現，可以彌補使用者的失誤，但是如果要在 Kalita 蛋糕濾杯上使用連續不斷水的注水有難度，尤其是當你接近它容量上限的時候。所以我會建議在這項器材上使用斷水注水手法，而這也使它成了手沖新手的好選擇。

Kalita蛋糕型濾紙

Kalita 的濾紙看起來很像標準款平底波浪狀濾紙，實際上卻不一樣，而是專為 Kalita 蛋糕濾杯設計。當你將一張 Kalita 蛋糕型濾紙放進濾杯裡，你會發現濾紙不會碰到濾杯的底部，這是特意的設計。對 Chemex 濾壺和 Kalita 濾杯來說，濾紙都扮演著不可或缺的角色。其波浪狀的設計就是要讓濾紙在濾杯裡懸空，除了為了控制溫度，也是要確保濾紙和濾杯的杯壁、底部之間都留有空隙，有人說這是為了阻隔咖啡泥沙。其他的錐形濾杯與濾紙之間是貼合的狀態，有人認為這麼一來濾杯的材質（尤其是金屬或塑膠材質）會在沖泡時吸熱而影響萃取。你可能可以在當地咖啡館找到蛋糕型濾紙，如果找不到，你也可以在網路上以 10 ～ 13 美金的價格買到一百張。購買時要注意濾紙大小與器材大小必須是相符的。

如何使用

Kalita 蛋糕濾杯也算是錐形濾杯的大家庭成員，意思是它的用法原則與其他手沖濾杯一樣。不過它以三角型頂點排列的三個孔洞和平坦底面讓它與眾不同，有些人認為這就是 Kalita 蛋糕濾杯的優點。這個器材的設計使得咖啡粉層淺而平，所以相較於其他錐形濾杯較不易造成擾動。這樣的咖啡粉層同時也讓水不容易產生通道效應，在萃取上會更加均勻。（譯註：通道效應指的是水在通過咖啡粉層時會找粉層中縫隙較大、較為容易通過的地方鑽，進

而形成通道，造成粉層其他部分無法受到完整的萃取，進而影響咖啡萃取的均勻度。）和其他手沖器材相比，Kalita 蛋糕濾杯使用偏粗的研磨粗細度，而且它的設計會將水流的擾動最小化。濾紙的設計也使得水更容易往下流，接觸、進入咖啡粉層，而不會像其他錐形濾杯常發生水繞過咖啡粉層的情況。另外，濾杯底部有一個類似「Y」字的突起，能避免濾杯與濾紙貼合，確保氣流的流通。

有鑒於以上特點，Kalita 的沖泡時間相對地長，能突顯各種不同的咖啡特色和複雜度。你可以選擇用下壺盛接或是直接沖泡進你的咖啡杯裡。如果講究一點，Kalita 品牌也有販售玻璃製的下壺和盛接容器可以湊成系列。

Chemex

Chemex 是 1941 年由德國設計師彼得 • 舒隆波姆（Peter Schlumbohm）發明，是一款少數能在流行文化和藝術美學之間同時取得象徵性地位的產品。如果你懷念影集〈廣告狂人〉（Mad Men）裡，出現在梅根 • 德雷柏的加州廚房背景裡的 Chemex，那你可以去紐約當代藝術博物館走一趟，Chemex 以唯一一個作為博物館永久收藏的咖啡器具在館內陳列展示。

20世紀中期現代主義風格、味道乾淨

價格	● ● ● ● ●
可取得性	● ● ● ● ●
技巧	● ● ● ● ●

沖煮方法見第241頁

羅夫・卡普蘭（Ralph Caplan）是一位設計評論家，在紐約的視覺藝術學院（School of Visual Arts）擔任教授，他曾經形容舒隆波姆的發明是「邏輯與瘋狂的綜合體」。舒隆波姆的許多設計深受其化學背景和對行銷的興趣所影響——他的作品通常既具實用性，又能吸引大眾的目光。Chemex以「過濾裝置」取得專利，在廚房裡外都能使用，像是作為實驗室過濾器使用。

Chemex 現在有多種尺寸可供選擇（三杯、六杯、八杯、十杯份），每一種尺寸都有兩種不同款式：經典的木製頸環（如圖）或是俐落的玻璃手把外型。兩種外型都是玻璃製品，也需要使用特殊的 Chemex 濾紙。Chemex 是現在最流行的手沖器材之一（在下筆此時，麻州的 Chemex 工廠正如火如荼地想要追上訂單需求）。現在在美國，你幾乎可以在任何一家咖啡館買到它，許多連鎖零售賣場，像是 Bed Bath & Beyond 和 Williams Sonoma 皆有販售。

Chemex 需要的技巧比其他器材多，也需要比較多的練習才能沖得好。尺寸較大的 Chemex 能夠名符其實的沖出多人份咖啡，不像一些其他手沖器材。許多人說 Chemex 的咖啡有非常獨特的味道——乾淨度極高，也就是沒有泥沙感，也沒有咖啡油脂。如果你試過，應該會覺得它與法式濾壓壺完全相反。

Chemex濾紙

Chemex 目前正當紅，所以在你家附近的咖啡館或大型家用品零售賣場可能就能買到它的濾紙，不然網路上也買得到。Chemex 的濾紙比 Melitta 和 V60 貴，一包一百張 8.9 ～ 17.5 美金，端看你在何處購買。

不同於 Melitta 和其他梯形濾紙，Chemex 濾紙的底部呈尖角狀。Chemex

濾紙有白色、自然棕色，也有圓弧形的和方形的，且比起其他濾紙明顯地厚很多（根據廠商說明，厚度多了 20～30%），所以可以過濾更多油脂和細粉。正因如此，Chemex 沖泡出的咖啡乾淨度明顯提升。很多人認為 Chemex 咖啡之所以與其他不同，原因就出自它的濾紙。

顯然這些濾紙就是特別為了 Chemex 而設計，除了比較厚之外，也比其他濾紙更大張。不像 Melitta 的濾紙，Chemex 的濾紙並沒有接縫，而是用折的（你可以自己折，也可以購買已經折好的）。濾紙的形狀對這個器材的功能性有著關鍵的影響。一旦 Chemex 的濾紙充分浸溼，就會和玻璃之間緊密貼合，只留下兩個排氣通道：溝槽狀的壺嘴和相反位置處的另一道溝槽，這有助於適當的氣流，能幫助調節萃取的速度。正確地折疊後，Chemex 的濾紙一面為單層，另一面則是三層；三層的那一面會放在器材有壺嘴的那邊，以確保壺嘴的空氣通道保持暢通，如果放反了，沖煮到一半濾紙可能就會崩軟而堵住壺嘴，阻隔了氣流，你會因此需要大幅增加萃取時間，導致咖啡過萃。Chemex 的濾紙有各種尺寸，所以要確實地選擇符合濾壺尺寸的濾紙。

如何使用

Chemex 的設計看似簡單，卻有其科學根據。基本上，它就是一個玻璃燒瓶，中間的部分往內凹陷，使得外型看起來呈沙漏狀。上面的漏斗為放置濾紙的地方，下半部為盛接容器。然而最天才的設計藏在兩個細微的元素中：壺嘴的溝槽和漏斗的形狀，這兩者和 Chemex 的濾紙相互唱和，確保萃取的速度適當。雖然 Chemex 的設計漂亮又巧妙，但是容錯率卻不高。當你的研磨粗細度太細時，你馬上就會發現注入的水停止往下流動。厚厚的 Chemex 濾紙下方呈尖角狀，這使得它很容易受到細粉下移的影響，因此如果你使用的是刀片式磨豆機（見第 85 頁），使用 Chemex 萃取時會特別容易感到挫折。

話雖如此，只要手法正確，Chemex 能沖出比其他器材更細緻的咖啡，因為使用它沖煮的人能充分掌控各種變數，例如流速。由於 Chemex 以沖煮技術為本，所以目前是美國手工咖啡館的最愛。

Hario V60濾杯

雖然 V60 是基於舊式錐形濾杯而設計的一種相對新穎的款式（2005 年首次發表），但是它可能是當今最受手工咖啡館讚賞的器材之一了。V60 濾杯由 Hario 製造，這是一間於 1921 年成立的日本廠商，原以製造耐熱玻璃為主，後來成為咖啡器材中最知名的品牌之一。V60 濾杯有兩種尺寸：一號（小）和二號（大），兩者都要使用相對應的一號或二號 V60 濾紙。材質方面有塑膠、陶瓷、玻璃、不鏽鋼，售價各有不同（小驚喜：塑膠製的款式是最便宜的）。

控制狂的天堂

價格　　　● ● ● ● ●

可取得性　● ● ● ● ●

技巧　　　● ● ● ● ●

沖煮方法見第244頁

V60 濾杯對流速的調節功能作用不大，因此必須仰賴沖煮的人。我認為所有器材中 V60 和 Chemex 是最難駕馭的，要用 V60 沖煮並非不可能，但是它的確需要一定程度的技巧（尤其當你才剛開始接觸手沖），也需要能緩慢注水的手沖壺。如果你對學習技巧沒有興趣，也不想購買額外的設備，那就跳過這個濾杯吧！我去過的每一間手工咖啡館幾乎都有在賣 V60 濾杯，在下筆的此時，像是 Williams Sonoma，Crate and Barrel 和 Bed Bath &

Beyond 等零售賣場也都有存貨。

Hario V60濾紙

V60 濾紙產自手工咖啡文化的中心──日本，使用的是輕量、高品質的紙。
濾紙的形狀和 Melitta 非常相似，但是底部的收尾呈尖角狀（像 Chemex 濾
紙）。要使用時，先將縫合處折起後，再放進濾杯裡。

由於 V60 在手工咖啡館裡非常熱門，所以很多店家通常會一起販售濾杯和
濾紙，如果你的住家附近有咖啡館，要購買就會非常方便。V60 的濾紙售價
與 Melitta 的相近（一百張在 5 ～ 7 美金之間），但是就像前面提過的，相
較之下在美國 Melitta 還是更為普及。

如何使用

V60 是傳統手沖過濾系統的變化版，它的名字便揭露出其獨特的設計：濾杯
從側面看上去就像一個英文字母「V」，漏斗狀濾杯以 60 度角向下傾斜連
至底座，底座上則有一個相對較大的孔洞。這樣的形狀，再搭配 V60 著名
的螺紋突起，據說能讓咖啡同時從濾杯的底部和側邊往下流，使得沖泡更加
平均。

相較於其他器材，V60 對沖煮變數的敏感度較高。事實上，我認為它是最難
駕馭的沖泡方式。由於底部相對較大的孔洞，注水時必須要緩慢且連續不間
斷，確保水不會直接往底部流掉──這使得手沖壺成為一項必需品。另一方
面，許多咖啡館喜歡使用 V60 的理由在於它能沖出非常細緻的咖啡。有些人
認為比起其他器材，V60 能沖出「最棒」的咖啡。

額外設備指南

大多數沖煮器材都需要額外的設備,如果你還沒有相關設備,那麼在決定沖煮器材之前,最好將這點列入考慮。在這個章節中,接下來會再深入介紹三項想讓沖煮更上一層樓時,我會推薦的額外設備——磨豆機、秤、熱水壺,同時也會說明,為什麼我認為這些設備應該在你的沖煮吧台上佔有一席之地。理想來說,你最好三種都備齊,但是我也了解人生不會總是如願以償。

因此,我設計了這份指南,以幫助你根據自己的接受程度來做選擇。看你是想買一樣額外設備,還是兩樣?三樣?來建議你選擇哪些器材。不管你想買幾樣,我都會列出器材和設備的建議來幫助你沖煮出理想的咖啡。另外,我在本書介紹的沖煮方式也將這些額外設備考慮在內——第六章裡每一種沖煮方式都與你願意購買的額外設備種類相對應。

如果你到現在還是不知道要選什麼器材,那麼這篇指南可能是個好的著手點。如果你已經擁有一些設備,這篇指南可以幫助你在投資最少的程度下做出決定。或者,如果你已經有一項器材,這篇指南也能隨著你讀完這個章節之後,幫你做出下一步的決定。

最後,如果你想對成本進行控管,這篇指南也能協助你維持預算。不管我們喜不喜歡或是否願意承擔,當我們在家沖煮咖啡時,價格永遠會是一道門檻。誠如你所見,器材的支出可能從10～100美金不等,而且除了器材本身,還需要連同那些有助於你最佳化咖啡的額外設備成本也一起考慮進去。

當然你可以不用任何特殊設備就開始沖煮,但是本書的重點在於幫助你最佳化你的咖啡,為此,這些設備就扮演了重要的角色。

一項額外設備	兩項額外設備	三項額外設備
磨盤式磨豆機	磨盤式磨豆機＋秤	磨盤式磨豆機＋秤 ＋手沖壺
如果你只願意買一項工具，就買磨盤式磨豆機吧！我會在第87頁深入討論這一點，但是目前你只要知道，就算其他條件維持不變，磨盤式磨豆機將會大幅改善你的咖啡。	如果你願意擁有兩項工具，那麼第二項就選擇可以測量克數的秤吧！缺乏精準度與穩定度，能夠改善的範圍真的很有限。詳見第90頁。	如果你願意梭哈，那麼你的第三項工具就是手沖壺。雖然就算沒有它也能沖出美味咖啡，但是如果能確保緩慢、穩定的注水，在使用許多錐形濾杯沖煮時，就能減少你的挫折感（見第97頁）。
最佳拍檔： 愛樂壓 冷萃	最佳拍檔： 聰明濾杯 法式濾壓壺 賽風壺 凡客壺 加上左欄的器材	最佳拍檔： BeeHouse Chemex Hario V60 Kalita蛋糕濾杯 Melitta 加上左側兩欄的器材

磨豆機

在全球剛開始消費咖啡的年代，大家都是購買未研磨的原豆，沖煮前現磨。一直到 1900 年代，大美國主義的咖啡寡頭政治及其陣容堅強的行銷團隊在真空包裝上有所進展之後，開始以「方便！」「這就是你需要的！」來行銷他們預先研磨好的咖啡粉。不管最近的趨勢如何，美國的咖啡行銷仍是口吻一致地將成本和便利放在品質之上，一直到現在，這樣的訊息仍勢不可當。

事實上，咖啡是很纖細的——由數以百計的風味和香氣化合物組成，不妥當保管就會變質。要避免錯誤的保管方式，進而改善沖煮，新鮮研磨咖啡是最簡單的方法之一，這就是何以我會建議，如果你只想投資一項咖啡設備，就應該要買一台好一點的磨豆機。為的就是強化兩件事：咖啡風味和沖煮效率。

大部分的咖啡愛好者會告訴你，一旦咖啡研磨成粉，風味和香氣就會開始流失。許多讓咖啡喝起來美味的細緻成分都被鎖在咖啡豆的結構裡，一旦藉由研磨讓它們暴露在總是會危害咖啡豆存在的空氣、濕氣和光線下，就是在破壞它們的保護層。研磨後約 30 分鐘，至少對受過訓練的味蕾而言，那些成分全部都會開始明顯衰敗，彷彿煙消雲散。但是老實說，除非研磨後放置一小時以上，否則一般人的味蕾大概嚐不出味道上的減損。（風味消散影響最大的大多是濃縮咖啡，因為它使用非常細度的研磨，咖啡粉的表面積變大，風味消散的程度也跟著變大。）

不過，不購買事先研磨好的咖啡還有另一個更實際的理由，而且我覺得比新鮮度還重要：現磨咖啡可以改善你的萃取。回想第一章提到最佳萃取，你的研磨粗細度必須配合你所使用的器材。

通常沖煮時間較長的器材需要較粗的咖啡粉；沖煮時間較短的器材需要較細的咖啡粉。這就是為什麼不該使用事先磨好的咖啡粉，因為要它能夠剛好達到適合你器材粗細度的機率非常非常小。一罐事先磨好的咖啡粉，搭配法式濾壓壺使用時的結果幾乎不會好喝，因為咖啡粉的粗細度不是專門為了法式濾壓壺研磨的（而且，可能已經不新鮮了）。反之，如果你自己磨豆，就可以根據特定的器材決定適合的研磨粗細度。購買事先磨好的咖啡粉會讓你毫無選擇。總而言之，為了最好的結果，還是購買原豆並於沖煮前再進行研磨吧！聽起來好麻煩？你該知道一下這個故事：馬克・潘德葛拉斯（Mark Pendergrast）在《咖啡萬歲》（Uncommon Grounds）一書中提到，在美國南北戰爭期間，聯邦士兵隨身攜帶咖啡原豆，用他們裝在槍托裡的磨豆機現磨現喝。如果連他們在面對血腥、短兵相接的戰爭場面都能自己磨豆子，你在家裡一定也做得到。不過除非你擁有一支南北戰爭時期的「夏普斯」（Sharps，一種卡賓槍的名字），否則你還是買一台磨豆機吧！

刀片式磨豆機（砍豆機）

目前市面販售的多半是刀片式的磨豆機，以一個會旋轉的金屬刀片將豆子砍碎。最便宜的裝置就是豆子和刀片在同一個空間裡，使用者手動按住一個按

鈕就能啟動刀片。按鈕按得越久，研磨粗細度就會越細。大部分的刀片式磨豆機只要將蓋子打開瞄一眼就可以確認豆子磨成粉的狀態。如果粉看起來太粗，就讓刀片再轉一下。理論上這聽起來是個新鮮研磨咖啡的簡易方式，但是如果你有興趣的是能在家沖煮出風味穩定的好咖啡，那麼我認為使用刀片式磨豆機最終只會讓你感到挫折。

使用刀片式磨豆機會使有些豆子磨得很細，同時有些豆子卻仍然很粗。不論怎麼做，通常最後你會得到的是非常多的細粉，以及各種粗細不均的研磨程度。這是刀片式磨豆機的天性：磨豆的空間有限，使得豆子無法充分移動，所以空間最底層（最靠近刀片）的豆子會比上層的豆子磨得更細。其實我蠻常使用刀片式磨豆機（我上班的地方有一台），而且我幾乎用了所有的方法想讓研磨更穩定——一次只磨一點點豆子、輕輕搖晃機器以重新分布豆子的位置，或是每磨幾秒就停下來，用湯匙攪拌咖啡粉……這些努力的確有一些幫助，但是每次當我將剛磨好的粉倒入濾紙裡，看見上面混雜著整顆豆子和刀片附近結塊的細粉，就讓我覺得一切似乎只是徒勞無功。

簡而言之，刀片式磨豆機真的無法均勻地研磨咖啡豆。

讓我告訴你問題的嚴重性：太多的細粉會堵住你的濾紙，就像死水裡的爛泥，讓水的流速變慢，甚至停止！以至於沖一杯咖啡會花上你無法忍受的長時間，而且最後還很可能會過萃（也就是變得難喝又苦澀）。更慘的是，有些像是法式濾壓壺使用的金屬濾器沒辦法過濾細粉，所以這些細粉就會全部進到你的咖啡裡，接著持續地萃取。沒錯，法式濾壓壺在設計上本來就會讓你的杯子裡有一些細粉，但是太多細粉就會讓原本應該好喝且醇厚度飽滿的咖啡，變得混濁如泥。

一般來說，研磨粗細度應該盡量一致，讓每一顆粉都能以相似的速率萃取。咖啡粉顆粒越小，水就能越快滲透其中，萃取出它的風味。粉的大小越一致，萃取就能越穩定。想像一下，炸馬鈴薯時，你需要將每一塊切得大小一致才能均勻地烹調，同時起鍋。如果馬鈴薯被砍成各種大小，就會導致有些還沒炸透，有些卻已經焦了。咖啡粉也是同樣的概念，當粉粒大小一致時，它們就能在同一時間完成萃取。此外，當沖煮出來的咖啡不合你意時，一致性的研磨也能讓你更容易發現是那邊出了問題，進行調整以沖煮出理想的咖啡。

磨盤式磨豆機

如果你想輕鬆改善在家沖煮時的咖啡品質，我誠心建議你投資一台磨盤式磨豆機。磨盤式磨豆機的設計能夠均勻研磨咖啡豆，它的機制是將豆子往兩個研磨刀盤中間推，而兩個刀盤之間的間隙大小可以手動調整，間隙越小，咖啡就磨得越細，而間隙越大，咖啡粉就越粗。要使用磨盤式磨豆機，只要將豆子倒進豆槽裡，設定好你要的粗細度，按下開關就好。多半的型號都附有可抽取的接粉盒，以便將磨好的咖啡粉倒出來。

磨盤式磨豆機

磨盤式磨豆機的缺點在於電動（較方便）的機型通常比刀片式貴。最好的磨盤式磨豆機可以調整的設定很多，好的機型要價在 130 ～ 800 美金之間。如果你沒辦法（或不願意）花那麼多錢，手搖式的機型為 25 美金起跳，而且有一個附加優點：它們通常很輕巧，特別方便帶去露營或旅行。沒錯，自己

研磨咖啡豆可能得花上一點力氣，但是既然每天早上
你已經為了一杯咖啡花上五分鐘，那麼多花一分鐘好
好地磨豆子又有何不可呢？

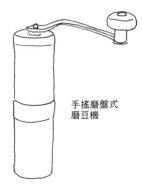

手搖磨盤式
磨豆機

不過還是要知道，就算是磨盤式磨豆機也無法將豆子
研磨成完全均勻一致，因為咖啡豆有一個特點，就是
它會以無法預期的方式破裂，所以要將每一顆豆子都
研磨成一樣的尺寸和形狀是不可能的。這表示就算使
用磨盤式磨豆機，也總是會有一些細小的碎片（細粉）。差異在於，刀片式
磨豆機會磨出各種大小的顆粒，有極微小的粉塵，特別誇張的時候還會有一
整顆咖啡豆，而磨盤式磨豆機通常會降低這樣的差距，使得萃取能更加均勻。

擁有一台磨盤式磨豆機很值得，就算是最便宜的都好。我和安德列在升級到
Virtuoso 之前的多年期間，都是使用 Baratza Encore，也用得很開心。旅行
的時候我們會用 Porlex JP-30（後來我們送人了），現在旅途中有需要時我
們會使用 Hario 的手搖磨豆機。

細粉：絕對邪惡？

人們普遍認為細粉會損害咖啡風味，因為細粉的表面積大，幾乎會馬
上被萃取，以致如果細粉量太多就會使得咖啡過萃。最近咖啡科學家
克里斯多福·亨登（Christopher H. Hendon）卻提出一個有力的研
究，指出細粉的數量並不是不均勻萃取的成因，而是由粉粒分佈所造
成。一般來說，有細粉是沒關係的，只要你採取行動減少咖啡裡的細
粉數量（例如使用磨盤式磨豆機）。也有一些證據顯示，將豆子冷凍
後能讓它們研磨起來更加均勻。

熱門的磨豆機

型號	磨盤式或刀片式	電動或手動	價格
JavaPresse	磨盤式	手動	US$20
KitchenAid BCG111OB	刀片式	電動	US$26
Hario Skerton	磨盤式	手動	US$40
磨盤式	磨盤式	手動	US$57
Baratza Encore	磨盤式	電動	US$129
Baratza Virtuoso	磨盤式	電動	US$229
KitchenAid KCG0702ER	磨盤式	電動	US$250
Baratza Sette	磨盤式	電動	US$379

地方咖啡館的磨豆機

所有知名的手工咖啡館都使用高品質的磨盤式磨豆機。如果你運氣好，剛好住家附近有一間這樣的店，或許你可以買到原豆，並且請他們幫你磨豆子。等等！你可能會發現這明顯與我前面講的相違悖：不要買事先研磨的咖啡！有些咖啡人甚至會告訴你，請咖啡館幫你磨豆子是糟蹋咖啡，他們會哀悼你流失掉的那些所有細緻的風味和香氣……但是先聽我說！

我對於事先研磨的咖啡最大的考量在於研磨粗細度。但是在一間咖啡館，基本上你可以根據在家使用的器材要求研磨程度。如果你說：「請將我的豆子磨粗一點，讓我可以用來煮法式濾壓壺」咖啡師大概馬上就知道該怎麼做了。沒錯，這樣你在家就不能調整這項參數了，但是咖啡師會將豆子磨成你需要的粗細度。而我幾乎可以肯定，那些事先磨好的咖啡會比任何用刀片式磨豆機磨出來的適合沖煮。

至於風味和香氣流失的問題，對於放比較久、味道流失的咖啡，你還是能想

辦法得到更多香氣（也就是多加一點咖啡粉，以彌補流失的化合物）。但是對於研磨不均勻的豆子、不均勻的萃取率，你能做的卻很少。其實像安德列在訓練新員工時會用舊豆去測試他們的技巧，而我則不止一次能用那些放了好幾個月的豆子煮出驚人的好味道。

但是在此聲明，我並不是鼓勵你使用放了好幾年的豆子，尤其是當它們已經事先研磨成粉。但是如果你通常能在兩個禮拜內喝完 12 盎司（3/4 磅，約340 克）包裝的豆子（大約能沖煮 14 杯／ 12 盎司大小的杯子），那我想就算請當地咖啡館先幫你磨好豆子，依然能在家沖煮出好喝的咖啡。只要確定有好好地將袋子封好，並根據我的建議保存（見第 179 頁）。

小提示

如果你決定請店家幫忙磨咖啡，那麼我認為使用浸泡式器材沖煮出來的結果會比較好。如果你使用的器材是愛樂壓或法式濾壓壺，只要透過調整沖煮時間，就能對應研磨粗細度。

另一方面，我不建議使用超市的自助式磨豆機，就算那是一台磨盤式磨豆機也一樣，因為：一、磨豆機可能從未清理過；二、磨盤可能沒有定時換新；三、許多人可能用那台磨豆機磨過深焙豆，這表示你的咖啡會被其他豆子不新鮮的細粉和氧化且有油耗味的油脂所污染。

秤

在美國，很多人一聽到「廚房秤」這個詞就會很憤慨！美國人痛恨廚房秤，

他們喜歡量匙，也喜歡量杯，但是廚房秤這樣一台機器，似乎會讓事情複雜化，而沒人想要把量測這種簡單的事情複雜化。所以不意外地，很多人對於沖煮咖啡要使用秤的必要性存疑，

廚房秤

他們覺得那樣做得太過火了。但實際上，秤是一個多用途的器材，會讓你的咖啡人生（和下廚人生，如果你下廚的話）好過許多。使用量杯和量匙一點都不簡單，例如你得將香草植物磨碎才能進行測量，或是測量糖漿時得想辦法把黏在量匙上的糖漿挖乾淨、煮完飯以後還得洗好多量匙量杯⋯⋯。如果你願意購買兩項額外設備，以下是我認為選擇廚房用秤可以為你的家庭手沖吧錦上添花的理由：

- **精準度**：前面提過，精準的粉水比（根據計算到公克的重量）最有可能讓你得到萃取與濃度的理想區間，經科學佐證的《咖啡萃取控制圖表》裡（見第 21 頁）便標示了理想風味的區間範圍。一般而言，我認為將粉水比控制在 1：15 ～ 1：17 之間，基本上就能沖煮出好喝的咖啡。一個價位平易近人的廚房秤就可以讓你以公克為單位測量水和咖啡，讓沖泡咖啡的過程輕鬆許多。最精準的量測方式就是透過重量，不然難道要比較咖啡粉和水的體積？沒錯，除了用秤之外沒有別的辦法。你得放棄你的茶匙、放棄美制單位，和它們道別吧！你不需要它們！你以為你需要，但是其實不然。再見了！美制單位！

- **穩定性**：咖啡豆的大小和密度都有很大的差異，所以用體積量測會出乎你預料的不穩定。如果用茶匙（或是用猜的）來測量粉量，會導致你每天使用的粉量都不一樣。這表示你永遠沒辦法穩定地複製出昨天的那一杯咖啡。而且我甚至還沒將水考慮進去呢！我猜幫水秤重才是真正讓人

們不想使用秤的原因，因為聽起來實在太誇張了！誇張！但你試想，如果你在水煮開之前測量它，那麼接下來隨著蒸氣蒸發、揮發掉的就沒辦法算進去了。水蒸氣會讓你跟你仔細測量的水量說「再也不見！」但是如果你是在注水的時候測量水量，就不用擔心蒸氣消散的問題了。如果你不想苟且對待咖啡的品質，那麼一個廚房用秤就能讓你每次都穩穩地掌控品質。

- **容易除錯**：使用固定的沖煮比例，能讓你更容易進行調整，沖煮出一杯完美的咖啡。這麼說吧，假設有一天早上你決定試一款新的咖啡，你按照平常的比例操作，卻發現沖煮出來的咖啡太濃了。這時你有一系列可以採取的行動，其中第一個做法就是：減少你的粉量。有了秤就能簡單地調整，因為你清楚知道一開始的粉量，下一次就可以輕鬆減量。

- **較少浪費**：精品咖啡並不便宜，如果沒有精準地量測，你有可能使用過多的豆子，浪費了寶貴的咖啡！或者如果有人教你用茶匙測量磨好的咖啡粉，那麼你浪費的豆子肯定也比先測量豆子再研磨來得多。研磨前先秤重，就不用在每次沖煮前猜測你到底用了多少豆子。一包 12 盎司的咖啡豆，能沖煮幾杯咖啡呢？如果能精準地測量，你得到的咖啡杯數應該是大約 14 杯 V60（每杯 12 盎司）、21 杯愛樂壓（每杯 8 盎司），或 10 杯 Chemex（每杯 16 盎司）。

一開始可能還感覺不出來，但是我保證一台廚房秤能讓你少操心一點，沖煮時也能減少一些動作。使用了秤之後，測量變成了咖啡沖煮中不留痕跡的步驟。我鼓勵直接在秤上進行沖煮，這樣就不需使用多種測量的儀器，也不會因為在開始沖煮前還要先精準量測而感到壓力。其實燒水前也該測量熱水壺

裡的水量，你要準備的熱水永遠都要比需要的量多一點。等水熱了，就將你的沖煮容器和器材（咖啡粉也一起放入）一起放在秤上歸零，然後開始注水，直到秤上顯示到目標數值為止。簡單吧！不用猜測、不用擔心蒸發，也無須中斷注水再半蹲著檢查沖到哪條記線了……。此外，我也建議你在開始沖煮前先浸濕濾紙（見第 54 頁），或是有些人在沖煮前會先倒一點熱水到盛接咖啡的杯子裡進行溫杯。但是準備額外熱水最實用的地方在於可以在沖完咖啡之後馬上清洗器材，讓清理變得輕鬆快速。

那麼，該選擇哪一種廚房秤呢？第一，不用太貴。一個具備完整功能的廚房秤大約只會花你 15 ～ 20 美金。當然永遠都有更昂貴的選擇，許多專業的咖啡館會用很酷的電子秤，像是人人都想要擁有的 Acaia 秤就有手機同步功能，可以監測流速，還能紀錄悶蒸時間，花費則高達 100 美金。那對你來說必要嗎？當然不必要，但是在買秤之前要牢記幾點：

- **可以顯示到小數點後一位**：如果可以秤到小數點後一位是最好的，這對粉量的控制很重要。便宜的秤讀數可能只到整克或是半克，誤差空間會很大；如果是能讀到小數點後兩位的秤，則其最大值通常無法乘載沖煮咖啡所需的重量。

- **秤重上限至少兩公斤**：也就是 2000 公克。秤除了測量注水量，還需要足夠乘載器材本身的重量。比方說一個六人份的 Chemex 和凡客壺，器材本身的重量就要 500 克。

- **秤的表面要放得下你的器材及／或容器**：你用來盛接的器材或容器的底部應該要能完全放在秤面上，才能確保精確度。

- **可以扣重：**大多數的秤都可以扣重，但是還是要確定當你放置物品在其上方測量後，能直接扣重、歸零。這一點至關重要，因為在你注水前，你會需要將器材、咖啡粉、容器的重量歸零才能夠精確測量。

你不用為了秤花大錢（除非你想），但是我真心建議，為了簡單、精準，還是至少買一個便宜的吧！如果你很堅持永遠都不要使用廚房秤，當然你還是可以沖煮咖啡，只是你有可能在沖煮時一邊害自己陷入困境，記住我的話！

熱門的廚房秤

型號	精度	上限（公克）	特色	價格
Smart Weigh TOP2K	0.1g	2,000	無	US$14
Jennings CJ4000	0.5g	4,000	無	US$26
Hario VST-2000B	0.1g	2,000	內建計時器	US$57
Acaia Pearl	0.1g	2,000	內建計時器、行動app追蹤參數	US$139

盎司、公克、毫升，我的天啊！

一毫升的水（體積的測量）等於一公克的水（重量的測量），這換算很方便。這表示當你用秤重計算沖煮比例時，就能知道沖出來的咖啡量：400克就是400毫升。

熱水壺與溫度計

大多數的沖煮方式都需要一個能加熱的水壺。標準型熱水壺是很普遍的廚房器材，所以你很可能已經擁有一只，如果你剛好不想投資沖煮咖啡的「第三項」設備，那麼一只煮茶用的熱水壺就足以因應本書介紹的許多沖煮方式了。特別是浸泡式的方法。明確地說，如果你用的是法式濾壓壺、愛樂壓或甚至凡客壺、聰明濾杯，我並不認為用一支特別的手沖壺會有什麼幫助。

或者你也可以根據你現有的壺來決定你要使用的器材。然而對那些講求速度和掌控力的器材來說（例如 Chemex 和 V60），你可能就得考慮買一支手沖壺（有時也稱為慢沖壺或鵝頸壺）。我們來看看標準型茶壺和手沖壺有哪些選擇：

標準型茶壺

一個可爐上加熱的標準型茶壺的價格可能從 20 ～ 100 美金以上不等，通常是金屬製：

- **鋁**：通常是最便宜，只是它很容易一敲就凹，也很容易失去光澤。

- **紅銅**：除了好看之外，銅具有很棒的導熱功能，相對來說也比較貴。紅銅偏軟，容易撞得坑坑疤疤。銅也會變黑，但是經過擦拭就能恢復光亮。

- **鑄鐵**：鑄鐵壺通常外面會鍍上琺瑯。這種金屬加熱均勻，保溫性非常好。但是需要花點功夫保養以避免生鏽。一個鑄鐵壺應該能用一輩子，甚至代代相傳。鑄鐵通常蠻重的，如果你像我一樣手無縛雞之力，可能就會是個問題。

- **不鏽鋼**：不鏽鋼是非常好的選擇，因為它既耐用（比較耐撞耐髒）又好清理。我家的熱水壺就是不鏽鋼，非常耐用。

此外，也有玻璃製的熱水壺，現在也有出各種顏色和造型，既然你每天都會使用它，可以將這點列入考慮。但是也別將外表當作唯一考量，我有一次就被一個很美的壺燙到（生理和心理都受傷了）。總之，不能低估下列重點：

- **加水方便**：很多熱水壺的提把就橫跨在上蓋加水的地方，這樣的設計當你使用鋼杯或其他容器將水倒進壺裡時會很麻煩。

- **耐熱提把**：你可能會想，哪有廠商會設計提把燙手的水壺呢？那你就錯了。還是要確定提把的隔熱良好。

- **足夠容量**：通常手沖壺更需要留意容量問題，但你還是最好都先確認一下手上的壺能不能裝進沖煮的水量（還有額外的量）。

- **輕鬆注水**：在尋找適合的手沖壺時，輕鬆注水是最重要的因素，但是正常來說，所有手沖壺其實都應該滿足輕鬆且順暢注水的條件。至於一般的茶壺，多半在注水太慢時會從旁邊滴水。

每個熱水壺的煮水速度和保溫程度都不同，如果你和我一樣缺乏耐性，不想整天等水燒開，你可能會想要一把電熱壺（見第 99 頁）。

手沖壺

手沖法需要能穩定且緩慢地注水，因此手沖壺就從一般茶壺設計演化而來了。手沖壺有著又長又細的彎彎壺嘴（就像鵝頸一樣），壺嘴通常在接近壺底的位置，讓人能緩慢、順暢、連續性注水，也能準確地朝目標位置注水。

手沖壺

如果你對手沖深感興趣，我會建議你投資一把手沖壺作為家用沖煮的第三項設備。沒有這支壺，要控制沖煮結果會有點困難；雖然並不是絕對不可能，但是要用一般茶壺做出緩慢、順暢的水流不容易——水通常會流得太急而造成過多擾動，或是反之流得太慢而從壺側滴水。難道沒有手沖壺就無法手沖咖啡嗎？當然不是！其實我在辦公室一個禮拜有好幾次就是這樣過的，雖然我們有一個 Melitta 濾杯，但是卻沒有手沖壺。就算是這樣沖出來的咖啡，都還是比自動咖啡機煮得好喝，證明沒有手沖壺還是可行。不過，一把手沖壺和一般茶壺的價格相近，所以仍然值得考慮。（價格從 25 ～ 100 美金之間不等，一支中階的手沖壺可能會比中階的茶壺貴上一些。）

選擇手沖壺時，你要考慮的條件和選擇一般茶壺是一樣的。但是還有一些額

外重要的細節要銘記在心：

- **容量**：有些手沖壺能盛接的水量不如一般茶壺，平均容量大約是 1 ～ 1.2 公升（即 1000 ～ 1200 公克）的水。另外有些壺的設計在裝滿水的時候並不好用，不過如果只是一般少量沖煮則通常不成問題。手沖壺的壺嘴連接處靠近壺底，所以煮沸時可能多少會從壺嘴噴出一些水。我在家使用的是 Kalita 一公升的波浪壺（Kalita Wave），這個壺最常遭受批評之處就是壺嘴噴水的問題。只是我並沒有親身經歷過，可能是因為我通常在水一煮開就會將壺離火。但這也讓我想到了下一個重點。

- **沒有響笛**：傳統的茶壺在水沸騰時會鳴響笛，警告你該關火，防止把壺給燒乾了。大部分手沖壺卻不會鳴響笛。你只能藉由聽水在壺裡滾沸的聲音或是觀察從壺嘴冒出蒸氣的狀態（有節奏地一陣陣噴出），來判定是不是該將壺從爐上移開。因此使用手沖壺時要比一般茶壺更小心留意，將手沖壺燒乾很傷壺，而且你也會不想讓那麼多水蒸發掉。

- **控制注水**：並不是所有的手沖壺條件都一樣，有些控制流速的能力會比其他的好。我以前從沒認真想過這件事，直到我和安德列將我們的 Bonavita 爐上壺升級成現在使用的 Kalita 手沖壺。雖然很多專業咖啡館都使用 Bonavita，但是我們在使用上卻遇到很多困難，例如當我用 BeeHouse 濾杯時，總是不小心沖得太快；等我換成 Kalita 手沖壺，我卻開始注水注得太慢。兩者之間的差異天差地別。不過有些手沖壺，包括 Bonavita 在內，都有適合的節流器可以幫助你。這些節流器比起買一支高階手沖壺還是便宜點。

也許你對手沖壺還不熟悉，所以我提供一張短短的列表，列出不同價格帶之中較受歡迎的選擇。請注意，滿載容量並不等於實際容量，價格也是零售建議價，或許你可以在某些零售業者那裡用更便宜的價格購入。另外，市面上的選擇琳瑯滿目，這張表格僅供參考：

熱門手沖壺

型號	材質	滿載容量（公克）	電磁式加熱	價格
Bonavita BV3825ST	不鏽鋼、不含BPA的塑膠零件	1,000	不可	US$40
Hario Buono 120	不鏽鋼	1,200	可	US$67
Fellow Stagg	不鏽鋼	1,000	可	US$69
Kalita Wave	不鏽鋼、木材零件	1,000	可	US$105

電熱壺

電熱壺在十九世紀晚期就已經存在了，壺裡本身就有加熱元件，所以不需使用爐具。現在的電熱壺加熱快速，沸騰後會自動關閉以避免燒乾，有的還能設定保溫溫度。電熱壺非常便利，我個人非常喜愛。

電熱壺有標準型和鵝頸型，前面表格裡提到的 Bonavita 和 Hario 手沖壺都有推出電熱版。

又細又長的手沖壺

細嘴長頸的手沖壺常是備受嫌惡的目標，可憐的壺！真是冤枉！它明明與一般標準茶壺價格帶相近。兩種壺我的使用經驗都很豐富，而針對手沖法，手沖壺無庸置疑地讓我在注水時（別忽略這點了）感到簡單又穩定。我曾讀過一些文章指出在家沖煮時拿手沖壺既花錢又麻煩，而且如果沒有正確使用很容易流失溫度。我不懂！手沖壺只是一支有著不同壺嘴的熱水壺，你只要照著原本使用一般熱水壺的方法用它應該就好了。當然，擁有一支手沖壺絕非必要，但是如果它能讓注水變得簡單、又沒有花太多錢，那為什麼不擁有一支呢？它也不會把事情搞複雜，你只是買了一支壺罷了。但另一方面，沒有手沖壺的日子並不會讓你的咖啡人生變得貧瘠。如果你就是不想買，還是有很多不需要手沖壺也能嘗到好咖啡的沖煮方式。

除了沖咖啡，電熱壺沖起茶、熱巧克力和泡麵也都很好用，因為加熱非常快。如果你喝茶，電熱壺還能設定溫度，非常好用，畢竟很多茶較適合低溫沖泡（基於相似的理由，這個功能用在咖啡上也很適合）。有了這個功能就不用等水冷卻，也不需要溫度計了。

我和安德列在家裡用的是經濟實惠的 Melitta 40994／1.7 公升的電熱壺，另外還有一個可放於爐上加熱的 Kalita 手沖壺。我發現電熱壺快速將水煮沸之後，再倒入 Kalita 手沖壺稍微冷卻，就是剛好適合用來進行大部分沖煮的完美溫度。但是，如果 Kalita 波浪壺有出電熱版，我會選擇直接使用，省去換壺的步驟。

然而，選擇電熱壺時，要切記以下幾點：

- **最小和最大容量**：大部分電熱壺可以裝的水比一般熱水壺多，如果想一次沖煮多人份咖啡就非常適合（特別是定溫的款式）。但是大部分的電熱壺同時也有最低水量限制，我們使用的 Melitta 最低水量是 0.5 公升（500 公克），這對我平時的沖煮量來說多了一點，我會用多出來的水預浸濾紙，以及最後用來清洗器具。

- **結水垢**：電熱壺非常容易結水垢，也就是礦物質的粉狀沉積物，這會影響電器的性能。不過只要妥善保養和維護能加以避免。

如同前面在討論一般爐上加熱型水壺時提過的，如果使用浸泡式沖煮法，那麼就不太需要在意壺嘴的形狀。

溫度計

溫度計和熱水壺同等重要。前面已經討論過水溫如何影響咖啡的萃取，就各方面而言，我會說完美的溫度比起其他像是研磨粗細度等細節，比較沒那麼重要。而且只要將你的熱水壺離火一段時間水溫就會降低了（只要不是沸騰的狀態，你就能知道它低於華氏 212 度、攝氏 100 度）。

但是，擁有一支數位、快顯式的廚房用溫度計也很好，能夠因應各種用途（烹調肉類、烘焙等），而且一支好的溫度計只要大約 8 美金。（如果你有類比

式溫度計也可以，只是得花點時間才有辦法讀取溫度。）你甚至還找得到能夾在壺邊的溫度計，這種溫度計有其實用價值，因為壺口的蒸氣很燙！總之，只要確定你選的任何一種型號能夠讀取超過水沸點的溫度就好。或是，有些電熱壺本來就有內建溫度顯示和定溫的功能，你可能會看到有爐上型的款式，像是 Fellow Stagg 手沖壺就有一個溫度顯示的裝置，直接安裝在器材上。

沖煮容器、下壺、保溫壺

這本書裡提到的許多沖煮器材都沒有包含盛接容器或下壺，需另外購買。大部分的器材，包含愛樂壓、聰明濾杯、Melitta、BeeHouse 和 V60 濾杯，都能直接放在標準規格的咖啡杯上（口徑約 3 英吋）。不過，當你直接將咖啡沖進杯子裡時，大多數的手沖器材都很難讓你看得清楚（BeeHouse 和 Melitta 因為有觀景窗，所以是例外），如果你不打算仔細測量，那麼你就得要知道你的杯子有多滿，而這個問題用一個透明的玻璃杯就能輕鬆解決。

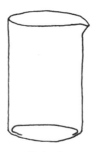

Griffin beaker

但是如果你要沖泡不只一杯咖啡，那麼你就會需要一個盛接容器。大部分的咖啡公司，包含 Melitta、Hario、Kalita，都有製造完美適合該廠牌濾杯的盛接容器。不過，還有另一個比較便宜的選擇（也是我個人的喜好），那就是去買耐熱玻璃製的燒杯，就像你在實驗課會用到的那種。透過某些線上零售商店，只要大約 9 美金你就能得到一個 600 毫升的燒杯，而如果是一個有牌子的下壺，可能要花你 20 美金以上。600 毫升的燒杯容量夠大，足以裝

下大部分多人份濾杯沖出來的咖啡，它的口徑大約 3.5 英吋，也適合大多數手沖器材（BeeHouse 除外）。這些燒杯極度耐用，因為它們是用來做科學實驗的，所以可以承受極度的溫度變化，這可不是所有玻璃都做得到。不過購買有牌子的手沖下壺還是有個好處，就是你可以確保尺寸相吻合，而且通常下壺會附蓋子，燒杯就沒有蓋子了，只是我在家也不會把咖啡放很久才喝。

如果你喜歡一次沖泡多一點，或是想要咖啡保溫，這時就會需要一個真空保溫容器。不論你在找的是保溫下壺或是保溫壺，都要記得那些有雙層保溫和真空夾層的才最具保溫效果。大部分保溫下壺和保溫壺都是不鏽鋼製，也有一些是玻璃製。不論是哪一種保溫容器，每一次用完之後都應該徹底地刷乾淨，因為殘留的咖啡油脂很快會產生油臭味，當你下一次沖煮時就會污染了咖啡的風味。

沒有容器？沒關係！

如果你懶得買咖啡下壺，也可以選擇一個本身就包含下壺的濾器，比方說Chemex、賽風壺或凡客壺。技術上來說，你也可以直接用法式濾壓壺盛接咖啡，但還是建議你要儘快將咖啡倒進杯子裡，避免過萃。

咖啡保溫的極限

大多數的人偏好熱的咖啡或是冰的咖啡，但是普遍都不喜歡介於兩者之間的溫度（大多數人喜好喝的熱咖啡大約在華式 150 ～ 180 度，約攝氏 66 ～ 82 度之間），而科學家認為這樣的現象應該是出自某種演化原理。只不過我們

沒辦法讓咖啡永遠保持那麼熱。以下情境你可能似曾相似：當你沖好一杯香醇的咖啡，剛好有其他事要忙，接著等你有機會喝它的時候，咖啡已經涼了。

保持咖啡溫熱的最佳方法，就是在一開始就不要讓它變涼。要確保你的咖啡在進保溫壺之前維持最佳的溫度，就要先預熱你的盛接容器或下壺。再加上沖泡前浸溼濾紙的步驟（見第 54 頁），整個過程會更順利，只要用熱水浸溼濾紙，讓熱水流進你的容器裡，就是一石二鳥的作法。

如果你的保溫壺品質佳且經過預熱，咖啡可以好幾個小時都保持新鮮。不過，一旦咖啡的溫度掉到華氏 175 度（攝氏 79 度）以下，就會產生化學變化，隨著溫度持續下降，味道就會變酸或變苦。但即使保溫壺可以永遠將咖啡保持在一致的溫度下，咖啡仍然會氧化（因為水裡有氧氣）。當空氣或咖啡水裡的氧分子與其他分子混合，氧化就會開始，形成完全不同的化合物，而且很不幸地，這些東西喝起來和原本的味道很不一樣，會讓咖啡有不新鮮的味道。當然將咖啡放在室溫下，氧化發生的速度會更快。隨著咖啡冷卻去品飲它風味的變化雖然有趣，但是從某刻開始，全部的味道就會開始出錯。正因如此，大部分專業的咖啡館只會將沖好的咖啡放在保溫隔熱壺裡一小段時間，頂多 15 分鐘到一個小時。

你可能會想：咖啡冷了再加熱就好啦！但是在你轉身去微波之前，請先聽我說。重新加熱的咖啡通常結果都不太好。如前面所述，咖啡很纖細，它的分子已經被釋放出來，咖啡在冷卻的過程中風味就已經改變過一次，再次加熱會破壞還留著的好喝分子，將其轉變成不好喝的分子。而結果就是得到一杯又酸又苦又有木質調的咖啡。下次當你急著想要去微波咖啡，或是想裝進耐熱容器直接放到爐上加熱時，不如試著在你涼掉的咖啡裡加冰塊吧！

第三章

關 於 咖 啡

知 道要使用哪種器材和設備之後，現在是時候將注意力轉移到咖啡豆上了。這個章節測試了許多影響咖啡風味的成因：從不同品種的咖啡豆及其生長環境，到豆子的處理與烘焙。一顆小小不起眼的豆子，卻極為複雜，縱使人們已經飲用咖啡好幾世紀，仍未完全揭開其神祕的面紗。綜觀咖啡的歷史，幾個主要會影響咖啡風味的因素包含烘焙、種植、處理方式，都是從反覆試驗和失敗中一步一腳印習得。用科學的角度去研究咖啡是相對新穎的概念，而烘焙、品種和產地如何影響你喝的咖啡？要學的還很多。

咖啡豆

前一章我強調了選擇器材的重要性，讓你可以手動調整自動咖啡機辦不到的沖煮變數——就算是高品質的豆子，也可能因為使用低品質的全自動咖啡機，而沖煮出低品質的咖啡。但是可別低估了生豆的力量。可手動調整的器材和技巧能做的有限，不論你的技巧有多完美，如果一開始就用很差的豆子，也無法大幅提升咖啡品質。其實咖啡科學家克里斯托弗・H・亨登就提出，任何一杯咖啡的結果都仰賴四個關鍵變因：生豆（未經烘焙的咖啡豆）品質、烘焙、水化學、沖煮技巧。不過他給這四個變因的比重不同。

漢登說生豆的品質對於最後的咖啡成品影響最為顯著，比起烘焙、水化學、沖煮技巧還要來得多。（強調：這張圖表建立在假設沖煮的人有一定的沖煮技巧。若使用一台劣質的全自動機取代這張圖裡屬於「沖煮」的範圍，那麼其他比重就會完全被顛覆。）另一方面，就算是偉大的烘豆師或咖啡師，他們對於增進咖啡品質所能做的都有限，沒有一方能讓低品質或瑕疵豆起死回生。就因為生豆的品質如此重要，所以我們就從區分阿拉比卡豆和羅布斯塔

豆來開場吧。

兩「種」故事

孕育咖啡的樹種（Coffea）是
一種會開花結果的樹，樹上結
成的一顆顆又紅又紫的小巧果
實，就稱為「咖啡櫻桃」。咖
啡櫻桃是帶核水果，但是又和
水蜜桃或杏桃等帶核水果不同，

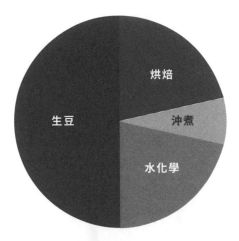

什麼影響了咖啡的品質？

差別在於人們種植咖啡櫻桃是為了它的種子，而不是為了它的果肉。每一
顆咖啡櫻桃通常含有兩顆種子。根據美國國立咖啡協會（National Coffee
Association），一顆咖啡樹一年能產出 10 磅的咖啡櫻桃，相當於兩磅的咖
啡生豆。豆子烘焙後重量會再減少，所以可以說一整顆咖啡樹一年所能產出
的咖啡熟豆低於兩磅。

野外種植的咖啡樹有好幾種，但是對我們來說最重要的有兩種：「阿拉比卡
種」（Coffea arabica）和「羅布斯塔種」（Coffea canephora），一般稱
阿拉比卡和羅布斯塔。全世界種植的大部分商業豆（70 ～ 80%）都是阿拉
比卡。阿拉比卡源自衣索比亞和蘇丹的森林，品質顯著高於羅布斯塔。而羅
布斯塔是在 1898 年，在撒哈拉以南的非洲中西部發現的，相較之下羅布斯
塔缺乏酸質、脂質及糖含量，因此味道通常又苦又不均衡。我看過有人描述
它喝起來像「燒輪胎」或「潮濕的紙袋」，你大概就能猜到是什麼味道了。
但是，羅布斯塔每棵樹的產能是阿拉比卡的兩倍，豆子的咖啡因含量也幾乎

是阿拉比卡的兩倍。此外，羅布斯塔的抗病性強，足以抵抗可能會毀了一整片樹林的阿拉比卡的疾病。（像是咖啡櫻桃病和咖啡葉鏽病。）

是的，就各方面來說，羅布斯塔很強壯，其堅韌的生命力、旺盛的產量、以及強烈的風味，使得它培育和販售的成本都較低。從經濟層面考量，種植羅布斯塔的成本比種植阿拉比卡少一半；過去，美國商業豆大廠（也就超市常見的家用品牌）在配方裡使用羅布斯塔也不少見。如今你會觀察到，羅布斯塔現在大多用在低品質、迎合大眾市場的咖啡產品裡。除此之外，大多數的即溶咖啡也是羅布斯塔豆。不過，濃縮咖啡的配方裡有時也會使用較高品質的羅布斯塔，特別是義式濃縮咖啡，因為人們認為它有著明顯的風味和較高的咖啡因，而且有豐富的咖啡油脂（crema，濃縮咖啡萃取出來後上面那層薄薄焦糖色澤的泡沫）。但是一般而言，大部分獨立咖啡烘焙館除了濃縮咖啡配方之外，幾乎不會使用羅布斯塔豆。所以羅布斯塔豆與我們要討論的無關，接下來我會將重點放在阿拉比卡豆。

先說清楚，阿拉比卡豆並非全部生而平等，生豆在出口到美國之前會先進行

生豆價格

對於一般精品咖啡烘焙館來說，生豆價格的甜蜜點可能在每磅2.5～6美元之間，而最貴的咖啡豆經常會在拍賣會上出售，每公斤售價可能要20美元，50美元甚至100美元（然而，高價往往與稀有或新穎相關，不見得是頂級品質）。相比之下，撰寫本文時的商業豆約為每磅1.45～1.55美元。優質的豆子需要大量的人力關注和照顧，這體現在價格上。這就是為什麼手工咖啡的成本高於商業豆。

分級和評分。（豆子通常是以生豆狀態進行運送以保持新鮮。）

首先，咖啡處理場會依據大小、形狀、重量、顏色、瑕疵為豆子進行分類，上述所有項目都與品質相關。而這套複雜系統中使用的特定術語在每個國家都不同，但目的都是為了將生豆從高品質到低品質進行分類。

沒有人能光用眼睛看就知道一支咖啡好不好喝，所以在產地就會有杯測師透過沖煮、品飲（例如：杯測）來對每一個批次進行評分，依據美國精品咖啡協會的標準規範給予咖啡 0 ～ 100 的評分。如果要被分級為精品咖啡（也就是精品或手工咖啡烘焙廠所認定的分級），豆子至少要取得 80 分以上。雖然咖啡評論網站上會提到這類分數，但是你卻很少在咖啡包裝袋上或是從咖啡師跟客人交談之間得知這些分數，評分算是蠻內行的事情。

哪些因素導致咖啡豆的品質不佳？瑕疵、低劣的種植環境、錯誤的處理製程……這一切都會反應在杯中的風味裡，也會將豆子的分數拉低。不過，分數低的豆子就便宜，所以仍然使用在大眾市場的咖啡商品中。反之，手工烘焙館和咖啡店費心思選擇他們預算內所能取得的最高品質生豆，試著與莊園主、進口商合作，將咖啡生產鏈視為一種技藝。咖啡生產者、進口商、烘焙館、精品咖啡館同心協力，不斷將標準提高。於是比起以前，我們可以喝到的高品質咖啡豆更多了。

品種與培育種

前面已經討論過阿拉比卡種和羅布斯塔種之間的差異，而阿拉比卡種之下還

有很多「品種」。根據美國精品咖啡協會，所謂的品種就是「保留（母）種最大程度的特色之外，卻又有些許不同。」換句話說，它們在基因和特色都與其「親本」（Parent plant）不同。通常品種的產生都是來自於植物自發性的突變或是與其他品種混種，最後創造出咖啡生產者認為有吸引力的特色。

培育種則是人類刻意栽培的品種，科學家將兩種咖啡樹進行混種後創造出一種新的咖啡樹，有著更多受歡迎的特色。除了科學領域之外，「培育」這個詞並不常見，也不常聽到。但是咖啡產業對於品種和培育種，會使用「品種」這個詞用做較廣泛的統稱。一包豆子上面可能標示了品種，但是其實它根本是培育種。為了與咖啡產業同步，我在這裡也都會使用「品種」一詞。

在阿拉比卡種的世界裡，最主要的兩個品種是：鐵皮卡（Typica）和波旁（Bourbon）。要了解這些品種的由來，我們得回到衣索比亞——咖啡的出生地。根據美國精品咖啡協會，咖啡最初是從其祖國衣索比亞出口到葉門，葉門就在衣索比亞隔著紅海的彼岸。接著咖啡樹便從葉門運送到了世界各地。據說當時運送到瓜哇島（Java，印尼的一座島嶼）的咖啡樹成為了鐵皮卡種的祖先；運送到波旁島（Ile Bourbon，一座法屬島嶼，今日稱為留尼旺島Ile de la Reunion）的，則成了波旁種的祖先。（你可能已經猜到這個詞來自法語，但是要注意咖啡波旁種的唸法與威士忌不同，唸作「波旁」，並非「波本」。）於此之後，許多新品種都是源自鐵皮卡種和波旁種。

先前提過，阿拉比卡比較容易受到疾病所擾，而且普遍的收成量也比羅布斯塔來得少。但是阿拉比卡豆的品質比羅布斯塔高，所以農民不斷試圖找到最好的阿拉比卡種——收成量高且抗病性也高的品種。幾年來，已經有非常多種阿拉比卡樹了，多到這本書根本說不完。因此，就讓我們著重在一些你會

經常在咖啡包裝上看到或聽說過的品種吧！要注意，雖然每一種咖啡都有其特色，但是要預期任何品種究竟喝起來是什麼味道，仍是非常困難的，因為咖啡的種植環境會大大影響其風味。

鐵皮卡和其延伸品種

鐵皮卡是許多阿拉比卡豆的祖母級品種之一，今天仍遍佈全球，尤其常見於中美洲、牙買加和印尼。它通常擁有業界人士稱為「蘋果酸」的酸質，類似你吃蘋果會嚐到的酸質。高品質的鐵皮卡通常乾淨度高（意即咖啡沒有雜味、瑕疵造成的負面特色）。另外，鐵皮卡也經常以其甜感和醇厚度聞名。和波旁樹種比起來，鐵皮卡樹種的豆身較長，收成量少 20 ～ 30%。它們也會受到咖啡各種病蟲害和疾病的影響。總之，鐵皮卡樹種雖然有能力產出高品質的咖啡豆，但是它們相對地脆弱、收成量低。而這個段落中所提到的許多品種，都是為了想要克服這些問題而培育出來的。

象豆
（又稱瑪拉戈吉佩，MARAGOGYPE/MARAGOGIPE）

象豆的唸法是「瑪拉戈吉佩」，是鐵皮卡天然的變種，大約在 1870 年在巴西發現。雖然它的收成量相對較低，但是象豆的一切都很巨大：樹木、葉子、豆子，都很巨大。這些尺寸大顆的咖啡豆在烘焙時需要更多技巧，才能呈現理想的味道。象豆種植得少（低產量使得許多農民認為不值），但是它的相對稀有似乎更引起人們的興趣，賦予了其特殊魅力。最高品質的象豆所呈現的杯中風味，是所有豆子中數一數二的。

肯特（KENT, K7）

這是第一支為了對抗葉鏽病而培育出的品種（不過現在已無法抵抗新的病株）。多數人相信這個品種是由印度的肯特莊園（Kent Estate）培育出來的，後來在印度各地都有種植。此外，肯特稱為 K7 的新版本在肯亞相當普遍。

可那（KONA）

可那是全世界最昂貴、得獎最多的豆子之一。可那並非真正的品種（雖然種植者常用「可那鐵皮卡」來稱呼它），它獨特的味道也與其基因組成無關，而是來自夏威夷可那區獨一無二（且高度管理）的種植條件與方式。種植可那的農民率先將咖啡種植視為一種技藝——當時並沒有什麼人這麼做。（今日，到處都有生產者在做一樣的事情，只要有了理想的種植環境，就能得到卓越的咖啡，即使不在可那地區也一樣。）你可以將可那視為鐵皮卡的一種品牌。可那區並不大，所以產量較為稀有，也因為如此，你可能比較常見到「可那配方」（裡面的可那豆少至只有 10%），而不是純可那豆。這支咖啡真的有這麼神嗎？我個人從沒喝過，但是我注意到越來越多咖啡人都說可那豆的評價過高。雖然如此，若有機會我還是絕對會嘗試！

藍山（BLUE MOUNTAIN）

和可那一樣，這是另一個鐵皮卡品牌（有些種植藍山咖啡的人也會使用其他樹種，但多半還是使用鐵皮卡），來自牙買加藍山的咖啡。牙買加咖啡產業理事會監督這款咖啡的種植與處理，所有掛著「藍山咖啡」名字的咖啡都得先受到理事會的認證才行。人們說藍山咖啡有著良好的平衡感，酸質明亮且幾乎沒有苦味。藍山和可那一樣都非常昂貴，但我也曾聽人家質疑藍山的價格與名聲是否真有品質保證。

波旁和其延伸品種

波旁是阿拉比卡豆的另一個祖母級品種。因為產量高，波旁在波旁島種植培育成功後便快速地成長，現在種植地已經遍佈全球。波旁既甜又複雜，有著輕快明亮的酸質卻十分細膩。不過就和多數的咖啡豆一樣，波旁的豆子根據種植環境的差異，味道也有所不同。雖然大多數的咖啡櫻桃都是紅色的，但是有些波旁樹產出的櫻桃卻是粉紅色、黃色或是橘色。（有時候你會看到咖啡上標示著「粉紅波旁」或「紅波旁」，那些名稱就是指櫻桃的顏色。）波旁種有許多熱門的分支，因為產量較高或抗病性更高，在世界許多地方已經取代波旁了，儘管波旁有著令人垂涎三尺的特色。

卡杜拉（CATURRA）

卡杜拉於 1937 年在巴西首次發現，屬於波旁的矮小變種（意指樹型較矮），產量較高，且抗病性比其母種波旁還要好。現在在哥倫比亞、哥斯大黎加、尼加拉瓜都相當流行，巴西至今也仍大量種植。卡杜拉的杯中風味常具有明亮、柑橘調的酸質，以及中低的醇厚度。雖然杯中品質良好，人們仍多半認為卡杜拉品質不及波旁種。若是拿波旁和卡杜拉相比，卡杜拉甜度及乾淨度通常較低。有些烘焙師會將它比擬為黑皮諾，因為它有著紅酒會有的丹寧、澀感質地。

SL28與SL34

在 1930 年代，肯亞政府委任史考特實驗室（Scott Laboratories）找出高品質、高產量、具抗病抗旱能力的咖啡樹種，進而培育出了 SL28 和 SL34（基因上皆被認定是波旁的後代）。雖然 SL28 的產量和抗病性並不高，卻被認

為是擁有美味高品質的咖啡。而且有人認為它的特色（果汁般的醇厚度、黑醋栗酸質、高甜度、熱帶水果調性）與世界上任何一杯咖啡都不同。SL34比起 SL28 產量較高，雖然也被認定是高品質的豆子，但是卻不像 SL28 那麼令人感動、風味豐富。

提克士（TEKISIC）

這支波旁的近親是由薩爾瓦多咖啡研究組織（ISIC，Salvadoran Institute for Coffee Research）在薩爾瓦多培育的，1977 年首次展開量產。這款樹種的產量比波旁稍高一點（但是產量仍然相對低落），產出的櫻桃和豆子則比較小顆。不過，咖啡專家認為當它種植在高海拔地區時，品質是相當優異的，有著甜感、焦糖或黑糖調性、複雜的酸質、厚重口感。根據世界咖啡研究室（World Coffee Research），「提克士」這個名稱源自納瓦特爾語（Nahuatl），意思是「工作」，很適合的命名，畢竟薩爾瓦多咖啡研究組織花了將近 30 年培育這個種。

薇拉莎奇（VILLA SARCHI）

這是 1900 年代中期，哥斯大黎加一個叫做莎奇（Sarchi）的鎮首次培育出的波旁矮小變種。時至今日，薇拉莎奇在哥斯大黎加以外仍相對稀少。相較其母種波旁產量較高，且因為它可抵抗強風，在有機農場和超高海拔環境表現優異而因此聞名。杯中品質受處理法的影響甚鉅，但是其風味普遍充滿水果風味與酸甜感。

帕卡斯（PACAS）

帕卡斯是波旁另一種自然矮小變種，來自薩爾瓦多，於 1949 年發現，並以

經營該農場的家族為名。杯中風味與波旁近似，但是甜感較低。帕卡斯樹種比起波旁產量稍高，因為其樹種矮小，生產者在同樣的區域可以種植較多棵樹。帕卡斯今日主要種植於其家鄉薩爾瓦多和宏都拉斯。

鐵皮卡、波旁和其近親混種

帕卡瑪拉（PACAMARA）

這是帕卡斯和象豆的混種。帕卡瑪拉的櫻桃和種子都相對大顆，和它的親本象豆一樣。杯中特色頗為獨特，有著花香調性、豐富酸質。專業的杯測師通常認為這支咖啡只要在對的條件下種植就會是最好品質的咖啡之一。然而這支咖啡的缺點在於極容易受葉鏽病感染。

新世界（又稱蒙多諾沃，MUNDO NOVO）

在 1940 年代，巴西的坎皮納斯農學組織（IAC，Instituto Agronômico de Campinas）決定培育這支鐵皮卡和波旁（明確來說是紅波旁）的自然混種。有些資料顯示巴西種植的咖啡大約 40% 都是新世界。這個樹種產量相對高（比波旁高出約 30%），且具抗病性，這些都是生產者喜歡的特性。杯中的經典風味調性包括黑莓、巧克力、柑橘或香料。

卡杜艾（CATUAI）

這個品種是黃卡杜拉和新世界的混種，也是由巴西的坎皮納斯農學組織所培育。卡杜艾與其親本卡杜拉一樣，樹種偏小，產量也比波旁高。現在種植地遍佈拉丁美洲，結著紅色與黃色的櫻桃，有些烘焙師認為紅櫻桃優於黃櫻

桃。典型的卡杜艾有著高度酸質，即使是最佳的批次也頂多被認為佳作而已，品質稱不上優異。根據世界咖啡研究室，卡杜艾這個名稱是來自瓜拉尼語（Guarani）——南美洲的原住民語，意思是「非常好」。

阿拉比卡／羅布斯塔混種

前面提過羅布斯塔在杯中的風味先天品質不良，所以手工咖啡烘焙師除了在濃縮咖啡的配方裡之外鮮少使用。但是羅布斯塔的產量確實很高，而且抗病力比阿拉比卡高上許多。農民被迫在兩大品種的優劣之間做出選擇，但是他們仍不斷盼望能有兩全其美的方式。在東南亞小島上發現的「帝姆」（Timor），就是阿拉比卡和羅布斯塔的自然混種。（許多人認為它是目前「唯一」自然產生的混種。）1970年代晚期，帝姆種被帶到印尼的蘇門答臘島和佛羅列斯島，在那裡繼續演化，且為了讓這個樹種進化到能夠產出高品質咖啡而發展了特別的培育計畫。這個樹種不像多半的阿拉比卡，它對葉鏽病有極高的抗病性，但是由於杯中品質低落，使它在手工咖啡烘焙廠之間不太流行。不過，有人對一些帝姆的後代仍抱持興趣。

卡帝姆（CATIMOR）

這是帝姆和卡杜拉的混種，也許是手工咖啡專家之間最受歡迎的混種之一。它在1950年代晚期於葡萄牙培育而成，現在在中美洲是很普遍的咖啡樹種。卡帝姆產量高、對葉鏽病和咖啡櫻桃疾病的抵抗力高。雖然卡帝姆擁有許多阿拉比卡種的特點，但是其羅布斯塔的基因只要有機會就會竄出，讓咖啡變得又苦又無聊。但是只要好好處理，卡帝姆也可以是一杯好喝的咖啡，你也

可能在精品咖啡館的包裝袋上見到它的蹤影。卡帝姆還有很多亞種，包括哥斯大黎加95號（Costa Rica 95）、倫皮拉（Lempira）及卡提斯克（Catisic）。

卡斯提優（CASTILLO）

這支豆子是有故事的。在 1960 年代，哥倫比亞政府下的國家咖啡研究中心（Cenicafé）開始使用不同的卡帝姆亞種進行實驗，想培育出高品質、高產量、高抗病性的樹種。經歷多次育種，直到 1980 年代早期，研究中心終於發表一支名為「哥倫比亞」的樹種，廣為宣傳其高品質和抗病性。當哥倫比亞發現咖啡葉鏽病時，這支新品種似乎已經做好對抗的準備。但是研究中心卻沒有停止孕育新的咖啡樹種，在 2005 年，中心發表了一支比起哥倫比亞更好喝的新品種：卡斯提優。近日哥倫比亞大多數的咖啡園都已經由卡斯提優取代。卡斯提優在咖啡的世界裡曾引起一些話題，生產者和杯測師對於其品質多有保留，特別是在拿來與卡杜拉比較時。但是卡斯提優杯測得到的分數卻一直與卡杜拉不相上下，而且在業界的賽事中，也有咖啡師選手使用卡斯提優參賽。

魯依魯11號（RUIRU 11）

這個品種與卡斯提優有著相似的故事，不同之處在於它是由肯亞政府資助的卡帝姆研究計畫而來（魯依魯 11 號就是以其研發站命名）。研究人員使用包括 SL28 在內的多種阿拉比卡樹種進行實驗，目的是要培育出高品質、保有卡帝姆抗病性的品種。雖然他們下了很多功夫，但是專家仍感覺魯依魯 11 號永遠無法與 SL28 的高品質相比。不過肯亞政府從未放棄，最近有一支叫做巴提安（Batian）的魯依魯 11 號改良種已趨於成熟，進入市場。因為巴提安在基因上比起魯依魯 11 號，更接近 SL28 與 SL34，因此其杯中品質似

乎好一點。在單品肯亞豆的袋子上除了 SL28、SL34 之外，你可能還會看見魯依魯 11 號和／或巴提安。

原生種

有些阿拉比卡種的咖啡並沒有辦法清楚地歸納在鐵皮卡或是波旁的族譜下，這些樹種自己在衣索比亞和蘇丹持續地自行進化，與被帶去葉門而後演化成鐵皮卡和波旁的樹種有所區分。

衣索比亞原生種（ETHIOPIAN HEIRLOOMS）

衣索比亞原生種有上千多種，全部都是野生咖啡樹自然演化下的後代。許多村民也有在配合當地種植環境的條件下獨自培育新的品種。這些所有的品種，通常統稱為原生種。

藝伎（GESHA/GEISHA）

藝伎種（有兩種拼寫：GESHA 與 GEISHA，通常使用後者）是前面提到原生種中快速竄起的超級明星。它從衣索比亞一個叫做藝伎的小鎮運到哥斯大黎加。只有在特定的微型氣候再加上高海拔，藝伎才會種得好（其中一個產地位於巴拿馬的伯奎特），這使藝伎成為相對稀少的豆子。在業界中，藝伎以其極高的品質和複雜濃郁的風味受到高度讚賞，風味調性包含佛手柑、莓果、柑橘類的花、蜂蜜。而正因高級的藝伎可以賣到很高的價格，所以中南美洲的生產者近年來也開始廣泛種植藝伎。

產地

高品質的咖啡只有在世界上某些地方才長得好：高海拔且通常在南北回歸線之間的赤道地區，人稱「咖啡帶」。雖然不是所有國家都將他們的精品咖啡出口到美國，但世上有超過 50 個國家栽種咖啡（通常以產地稱之）。有些國家，像是越南，主要種植的都是羅布斯塔（與我們談論的目標無關）。

還有少數一些國家將焦點放在低品質的阿拉比卡豆，作為即溶咖啡和其他形式的商業豆用途。另外也有一些國家，像是泰國和中國，才剛開始他們國內的精品咖啡計畫，還沒有足夠產量的高品質產品，因此在美國還不常見。

為什麼大部分的好咖啡都是來自火山土壤？

你會發現許多高品質的咖啡都種在火山附近。其實不只是咖啡，高品質的葡萄、小麥、茶葉和其他許多農作物在火山土壤裡都能長得很好。為什麼呢？理由只有一個：火山土壤比起任何土壤的礦物質種類含量都還要多。科學家相信火山土壤含有常量礦物質、次量礦物質，還有微量礦物質與稀土元素，像是氮、鈣、鋅、磷、鉀、硼。這些元素能強化土壤生物性，滿足植物生長所需條件。活火山附近的土壤在噴發過程中還能自然地補充養分。不論是什麼農法，只要種植咖啡樹，就會將土壤裡的礦物質帶走。而如果沒有使用合適的技術（或是肥料）去維持養分的健康程度，土壤就會變得貧瘠而不再符合種植條件。火山噴發讓附近的土壤保持新鮮肥沃。大部分的咖啡如果不是種植在活火山附近，就是種在多山的區域，山是造山運動形成的，因此也能將地球地殼的營養帶到咖啡裡。

然而，世界上高品質的咖啡不只要落在地圖上正確的座標，種植咖啡樹的所有環境條件（在業界稱為「風土」）都會影響其風味。咖啡在礦物質豐富的土壤裡生長的最好，它喜歡溫暖的赤道氣候，加上充足的雨量。足夠的遮蔭和高海拔讓咖啡能緩慢地生長，讓豆子裡的養分充足，孕育出迷人的風味。雖然仍有例外，但是許多高品質咖啡都是在有遮蔭以及／或是高海拔的環境裡生長的。

除了風土之外，高品質咖啡也需要有經驗的咖啡生產者仔細照料。有些國家，像是哥倫比亞和肯亞，都有政府和各部門大力支持他們的咖啡生產者。但是同時其他國家，可能由於經濟不穩定、政治紛擾、缺乏典範實務教育，或是缺乏必要的設施等理由，讓生產者為了生產高品質的咖啡，必須掙扎求生以取得必要的資源。你將會看到有些國家成為精品咖啡市場裡的新血，並且發現高品質咖啡的運動是由獨立生產者、企業家、咖啡進口商和／或精品咖啡烘焙業者共同在推動。

手工咖啡烘焙廠對於產地如何影響味道的議題特別有興趣，這也是他們經常販售「單品」而非配方（含有多個產地的豆子）的原因。風味會受到許多因素影響，所以要指出某個特定產區的豆子喝起來會有什麼味道，其實很困難。不過這個章節會介紹 23 個美國烘焙業者最常用精品豆的產區，讓你對於咖啡在哪裡種植？其特色受什麼所影響？有基本的認識。

大部分的國家都有多個產區，我會在接下來的篇幅裡簡述。但要注意的是，很多國家對其產區的名稱並無特別規範，所以進口商和烘焙廠在包裝上用來描述的名稱大部分是毫無標準的。有時候甚至和實際上的地理、地政區域並不相符。比方說，雖然豆子是種植在某個城市的周圍，但該城市的名字卻經

常被拿來作為該「產區」的稱呼。我則會盡量使用最為通用的稱呼。

同時，為了簡單描述每一個國家的產區以及咖啡特色，我也附上了產地地圖，對於想知道手上咖啡從何而來的玩家而言應該會蠻有幫助的。我將每個國家大致的海拔也寫進來了（海平面上幾公尺），還有該產地比較常見的處理法（見第 141 頁），這兩項資訊與風味最有關係。我也將各國在 2014 ～ 2015 這個產季所出口的數量（以每袋 60 公斤計）列出，讓你對每個國家的出口市佔略有概念。要記住，這些從國際咖啡組織（International Coffee Organization）取得的出口數據資料，基於各種理由不一定會和實際上的「產量」相同，像是這個數據中就不包含各國保留給其國內市場的產量。提到夏威夷的時候，因為目前的出口和國內消費數據難以取得，因此我使用的生產數據是由美國農業部計算的資料。這些內容是為了讓你對個別產區有初步了解，但是並未包含所有的變數和細微差別。咖啡最棒的一點就在於它總有能讓我們學習和探討之處！

咖啡帶

阿拉比卡咖啡在北回歸線和南回歸線之間的高海拔地區生長得最好，這個地區也稱作「咖啡帶」。雖然生產咖啡的國家還有很多，但是這23個產地會是你最常在手工咖啡的包裝袋上見到的。

名稱

北美
1 夏威夷
2 墨西哥

中美
3 哥斯大黎加
4 薩爾瓦多
5 瓜地馬拉
6 宏都拉斯
7 牙買加
8 尼加拉瓜
9 巴拿馬

南美
10 玻利維亞
11 巴西
12 哥倫比亞
13 厄瓜多
14 祕魯

非洲
15 蒲隆地
16 剛果民主共和國
17 衣索比亞
18 肯亞
19 盧安達
20 坦尚尼亞

亞洲及太平洲
21 印尼
    a 蘇拉威西
    b 蘇門答臘
    c 爪哇
22 巴布亞新幾內亞
23 葉門（摩卡）

北美

夏威夷

海拔 100 至 1,000 公尺｜45,360 袋｜多數為水洗處理法

夏威夷是美國唯一能夠生產高品質咖啡的地方（雖然我也聽過有商業豆的種植者在加州和喬治亞州種咖啡）。夏威夷的產區很多，多半是富含礦物質的火山土壤，不過大島（Big Island）上的可那區（Kona region）幾乎奪走了大眾的目光，盛傳當地能生產世界上最棒的咖啡：絲綢般的、花香、甜感和極為平衡的酸質。但是，可那區的種植規模只有大約兩千英畝，這表示產量不高；可那咖啡又非常昂貴（有人說是過譽了），你幾乎不會在配方豆以外的地方看到它以單品形式出現。除了可那，大島上還有其他許多地區也有著理想且獨特的微型氣候。普納（Puna）大部分的咖啡種在熔岩土壤上，為夏威夷咖啡帶來新的面貌，產出的咖啡富含酸質、風味多變。近年來不斷受到讚賞的卡霧（Ka'ū），則據說讓人聯想到中美洲的咖啡。哈瑪庫亞（Kāmākua）的莊園土壤極為肥沃，但產量有限，咖啡以低酸質、豐富飽滿的醇厚度聞名。另外可愛島（Kaua'i）、茂宜島（Maui）和摩洛凱島（Moloka'i）也產咖啡。

墨西哥

海拔 800 至 1,700 公尺｜2,458,000 袋｜多數為水洗處理法、部分日曬處理法

墨西哥在橫跨 12 個州、高達 76 萬公頃的土地上種植咖啡，一公頃約等於 2.47 英畝，所以大約是 188 萬英畝。這些州的土壤通常是微酸性，這也為咖啡帶來了特色。墨西哥大部分的咖啡園都不大（小於 25 公頃），且以合作社的形式組織起來，專精於種植有機咖啡。最大的產區叫做恰帕斯（Chiapas），與瓜地馬拉最棒的種植區域以山為鄰，產量佔墨西哥總產量的三分之一。另

外建設良好的產區包括韋拉克魯斯（Veracruz）、普埃布拉（Puebla）、瓦哈卡（Oaxaca），這些產區再加上恰帕斯，佔總產量的 95%。另外，你還會見到來自圭雷羅（Guerrero）的咖啡。在過去，墨西哥咖啡普遍種植在低海拔地區，給人品質低落的印象，在市場上只是拿來充數的而已。但是近年來許多小型生產者在高海拔地區種植高品質咖啡，已經扭轉了以前的形象。在美國，許多烘焙廠會根據咖啡處理廠或是莊園的名字去購買墨西哥的豆子。這些咖啡有潛力，能呈現酸質和甜感綜合的有趣表現，有著太妃糖和巧克力調性、較為輕盈的醇厚度、鮮奶油般的質地。

中美洲

哥斯大黎加
海拔 600 至 2,000 公尺｜1,133,000 袋｜多數為水洗處理法

哥斯大黎加的咖啡在種植和後製處理時，通常受到無微不至的呵護，使這裡的咖啡成為最受美國人歡迎的豆子之一（哥斯大黎加大約有一半的咖啡都是進入到美國的精品咖啡市場）。哥斯大黎加最有名的產區（雖仍有爭議）塔拉珠（Tarrazú）佔整個國家咖啡出口量將近三分之一，這裡使用非常高級的生產技術，讓咖啡的評分表現顯示為極度乾淨。塔拉珠受到塔拉曼卡山脈環繞，大部分的咖啡都種植在海拔 1000 至 1800 公尺。其他產區還包括西部谷地（West Valley，佔產量的四分之一）和中部谷地（Central Valley，那裡的土壤受三座不同的火山影響）、布倫卡（Brunca）、三河流域（Tres Ríos）和奧羅西（Orosí）。杜利阿爾巴（Turrialba）和瓜納卡斯特（Guanacaste）區域也生產咖啡，但是分別由於次佳的氣候與較低的海拔，讓這裡較難生產出真正的明星咖啡產品。雖然哥斯大黎加所有產區生產的咖

啡各有不同特色，但是整體而言，這個國家的咖啡普遍被認為是中美洲咖啡的黃金級標準——充滿著細緻而複雜的香氣、乾淨、明亮、柑橘調性，種植海拔越高甜度就越高。一些中小型的莊園幾百年來都在生產咖啡，而且品質很一致，已經在買家之間建立起很高的聲望。近年來，一些小型的莊園開始建立自己的小型處理場，全方位地控制生產與品質，因此逐漸受到關注。這些小型處理場不僅使哥斯大黎加的咖啡更具可追溯性，也使得哥斯大黎加的一支支咖啡有了明顯的區別，進而可以在每一杯咖啡中品飲出地理差異。

薩爾瓦多

海拔 500 至 1,800 公尺｜595,000 袋｜多數為水洗處理法

雖然這裡的咖啡通常無法與哥斯大黎加和瓜地馬拉歸類在同一個等級，但是它有著火山山脈、理想的天候條件、紮實的咖啡傳統，使得薩爾瓦多足以生產高品質咖啡。西北部的艾羅鐵佩克－梅塔邦產區（Alotepec-Metapán）雖然範圍很小，但是能生產這個國家最受讚譽的咖啡。西部的阿帕內卡－伊拉馬鐵佩克（Apaneca-Ilamatepec）則是最大的產區，亦以優異的咖啡聞名。從那裡往東還有艾爾巴薩摩－蓋薩爾鐵佩克（El Bálsamo-Quetzaltepec）、卡卡瓦提克（Cacahuatique）、鐵卡帕－新納梅卡（Tecapa-Chinameca）和新聰鐵佩克（Chinchontepec）產區。薩爾瓦多所種植的咖啡大部分（估計大約 80%）都是波旁種（見第 113 頁），許多生產者都認為波旁是薩爾瓦多咖啡的正字標記。這裡許多咖啡其實都是來自獨特的原生波旁樹種，但是近年來中美洲的生產者漸漸用較高產量（有些人認為比較沒那麼好喝）的品種來取代他們的原生種。薩爾瓦多的咖啡在專家間以其一致性和可靠性而聞名，杯中味道又甜又如鮮奶油般滑順，有著太妃糖和可可的風味。種植在高海拔的薩爾瓦多豆則有柑橘和類似紅蘋果的水果調性。雖然最好的中美洲豆子常因其高強度、清晰的酸質而使人驚艷，但是薩爾瓦多的咖啡卻表現地較

為溫和。如果你並不喜愛酸質為主的手工咖啡，那麼薩爾瓦多咖啡對你來說可能會是個好選擇。另外，這個國家的生產者最近不斷地實驗新品種和處理法，也許外頭還有充滿驚喜的薩爾瓦多咖啡等待你去發掘！

瓜地馬拉

海拔 1,200 至 1,900 公尺｜2,925,000 袋｜多數為水洗處理法

來自瓜地馬拉高地的咖啡被視為是世界頂尖的咖啡之一，其渾厚的酸質和醇厚度會令你震驚。這個國家最有名的產區之一是安提瓜（Antigua），受三座火山環繞孕育，提供咖啡樹最喜歡的、富含礦物質的土壤。安提瓜咖啡的杯中有著深色、泥土般的風味調性，呈現出香料、花香、煙燻味。而來自法漢尼斯（Fraijanes）和阿提特蘭湖（Atitlán）的咖啡也是富含火山土壤的產區，同樣為人讚嘆。在該國的東南隅，薇薇特南果（Huehuetenango）面加勒比海的坡面則產出明顯以水果調性為主的咖啡，其中有部分原因與生產者在處理過程中乾燥咖啡的方式也有關係。其他產區還包含聖馬可斯（San Marcos）面太平洋的坡面、接近宏都拉斯邊境的新東方（Nuevo Oriente），以及介於安提瓜和阿提特蘭湖之間的科班（Cobán）。以其產區名稱販售給烘焙廠的瓜地馬拉咖啡，必須要符合由其國家咖啡協會（Asociación Nacional del Café）所制定的風味規範，該國家咖啡主管機關自 1960 年便從旁協助莊園主。近年來瓜地馬拉的咖啡在品質上有所提升，這要歸功於瓜地馬拉生產者對精品咖啡市場的高度投入。

宏都拉斯

海拔 1,300 至 1,800 公尺｜5,020,000 袋｜多數為水洗處理法

宏都拉斯的咖啡計畫曾在商業市場上舉足輕重，但是 1990 年代晚期遭遇米契颶風（Hurricane Mitch）和接二連三的暴風雨之後，受到了毀滅性的破

壞。一直以來宏都拉斯與其一些南美鄰國一樣都缺少基礎建設，所以即使這個國家有著很棒的氣候、海拔和土壤品質，它仍難以與瓜地馬拉和哥倫比亞等國家相提並論。不過，在過去十年間，有越來越多小型業者和出口商進入精品咖啡市場。2016 年，已經有超過 95 位小型生產者共同培育出全國 94% 的咖啡。如今，宏都拉斯已成為中美洲最大的生產國與出口國。典型的宏都拉斯咖啡有著溫和、中等的醇厚度，最優秀的豆子則具有高度複雜性、果汁感。有時候宏都拉斯的咖啡因為保存期限較短而飽受抨擊，這可能是由於該國多雨，使得乾燥較為困難。宏都拉斯有 18 個省，其中就有 15 個在種植咖啡，而最高品質的咖啡通常種植在該國西南部的馬爾卡拉（Marcala）。過去幾年，由於宏都拉斯精品咖啡的需求增加，生產者和宏都拉斯咖啡組織也有所回應——生產者規劃更多土地種植精品咖啡；組織依據海拔高度、遮蔭程度在地圖上規劃出 6 個產區並正式命名：科班區（Copán）、歐巴拉卡區（Opalaca）、蒙德西猶斯區（Montecillos，市面上以馬卡拉 Marcala 為名行銷）、鞏瑪雅瓜區（Comayagua）、阿卡塔區（Agalta）及帕拉索區（El Paraiso）。每個產區的咖啡都有著不同的風味特色，從巧克力調性，到熱帶水果調性和柑橘調性。

牙買加
海拔 600 至 2,000 公尺｜12,000 袋｜多數為水洗處理法

牙買加是加勒比海第三大的島嶼，產出這個世界上最昂貴的精品咖啡之一：藍山。藍山咖啡以（當地政府指定）位於島嶼東北部的種植地為名。這些山區的海拔並不特別高，但是據說幾乎常年存在的藍色雲霧，使得豆子生長變得緩慢（因此增添風味）。和夏威夷的可那咖啡一樣，藍山屬於鐵皮卡種，在牙買加咖啡生產者和監管委員會的密切監督下生長。據說其杯中品質非常卓越，有著豐富的風味、明亮的酸質、優異的醇厚度與甜感。也有人說牙買

加咖啡缺乏人們在高品質精品咖啡裡期待喝到的複雜度與果汁感。雖然每年日本都搶購許多牙買加的咖啡，但仍有一些流入美國市場。就因為它如此稀有，因此標示著藍山咖啡的假貨並不少見。

尼加拉瓜
海拔 800 至 1,500 公尺 | 1,810,000 袋 | 多數為水洗處理法

尼加拉瓜在咖啡產業算是相對新穎的國家，直到 1990 年代結束長期政經不穩的局面後才起步。事實上，在 1990 年之前美國都禁止進口尼加拉瓜咖啡。尼加拉瓜努力地想在競爭激烈的商業市場中存活，在那之後便重新制定咖啡政策，更專注在高品質的精品咖啡。尼加拉瓜身為中美洲最大的國家，三個咖啡產區內有各種微型氣候，也因此能產出多樣味譜的咖啡。中北部為主要產區（佔 80%），包含擁有火山土壤與赤道型氣候最有名的兩個省：馬塔加爾帕（Matagalpa）和希諾特加（Jinotega）。第二大產區則在東北部，但是只佔總產量的 14%，新塞哥維亞（Nueva Segovia）和艾思特利（Estelí）兩個聲譽良好的省就位在此區。最後一個產區是南太平洋區，產量最小，比起其他產區海拔較低。尼加拉瓜的咖啡估計 95% 都是遮蔭式栽種，佔地共十萬八千公頃。這裡的咖啡大多為有機認證，且味道通常符合典型的中美洲豆的特色：溫和的酸質與醇厚度，有著各式柑橘水果調性。來自新塞哥維亞的咖啡則以帶有巧克力調性聞名。

巴拿馬
海拔 1,200 至 2,000 公尺 | 43,000 袋 | 水洗處理法、日曬處理法

巴拿馬咖啡約 80% 的產量來自該國西邊奇里基省（Chiriquí）山區的博奎特（Boquete）小鎮周圍，那裡的咖啡傳統已經超過一百年，孕育出世界上數一數二的咖啡。奇里基省西側靠近哥斯大黎加邊界之處是沃肯市（Volcán），

附近有著火山土壤和溫暖的海風，提供了咖啡適合的生長條件。巴拿馬不遺餘力地證明自己在精品咖啡市場中的地位。1996 年，一小群咖啡生產者成立了巴拿馬精品咖啡協會（SCAP，Specialty Coffee Association of Panama）推廣高品質咖啡。時至今日，這個組織已經擴大超過四倍，也讓巴拿馬咖啡受到全世界的認可。2000 年代早期，巴拿馬政府甚至規劃出 8000 公頃的土地種植「優質」與「生態」咖啡。而世界上最細緻的品種之一——藝伎種，則在巴拿馬發光發熱。許多巴拿馬生產者，例如翡翠莊園（Hacienda La Esmeralda），都將他們大部分的種植面積專門拿來栽種這個品種的豆子。2015 年，翡翠莊園的藝伎贏得了巴拿馬精品咖啡協會年度「最佳巴拿馬」（Best of Panama）拍賣會的最高得標，每磅高達 140.10 美元。最棒的巴拿馬藝伎有著咖啡裡最棒的風味：如茉莉花般的花香、明亮的柑橘酸質、獨特的佛手柑調性。巴拿馬獨特的地理景觀提供了各種微型氣候，孕育出多變的風味調性，像是香草、楓糖或柑橘、紅酒。

南美洲

玻利維亞

海拔 155 至 2,300 公尺｜46,000 袋｜多數為水洗處理法

這個位於南美洲的內陸國多年來為商業配方豆提供低品質咖啡，最近才開始得到精品咖啡市場的認可。玻利維亞 95% 的咖啡產量來自位於安地斯山脈東側山坡的央格斯區（Yungas）。其他產區還有科恰班巴（Cochabamba）、聖塔克魯斯（Santa Cruz）、塔里哈（Tarija）。雖然大型的商業莊園仍在，但是政府全力採取行動，將大片土地歸還給小型生產者，現在玻利維亞有 85 ～ 95% 的咖啡來自小型生產者，而且大部分都是有機栽種。雖然這個國

家具備所有生產高品質咖啡的必要條件（氣候、雨量、海拔），但是由於缺乏基礎建設、科技和有效率的出口系統，使得種植精品咖啡困難重重。生產者也開始淡出咖啡的種植，迅速地轉而尋求更穩定的作物，例如用來製造古柯鹼的古柯。2014～2015年間，玻利維亞咖啡的出口創下十年新低。雖然如此，在美國還是能偶爾看到玻利維亞的精品咖啡，而且當地政府也持續有計劃地強化建設，藉以鼓勵農民種植咖啡而非古柯作為經濟作物。優秀的玻利維亞咖啡帶有甜感、具乾淨度、風味良好均衡。

巴西
海拔 400 至 1,600 公尺｜36,867,000 袋｜日曬處理法與去果皮日曬

巴西是世界上最大的咖啡生產國，產量佔全球咖啡的 30%，從低等級的商業豆到高級的精品豆都有。巴西也是南美洲最大的國家，意味著當地六大主要產區——米納斯吉拉斯（Minas Gerais）、聖保羅（São Paulo）、聖埃斯皮里圖（Espírito Santo）、巴伊亞（Bahia）、巴拉納（Paraná）、朗多尼亞（Rondônia），以及各種次產區的風土特色皆有極大的不同。不過，巴西不具備哥倫比亞、東非和中美洲擁有的高海拔條件，所以這裡的豆子酸質溫和。巴西的生產者經常使用日曬處理法和去果皮日曬，能增添甜感與複雜度，彌補缺乏的酸質，進而成了該國咖啡的風味特色。如果你不喜歡酸的咖啡，巴西的豆子就會是個合適的選擇。也有水洗的巴西豆，但是產量相對稀少。雖然在 2000 年早期，巴西咖啡的品質頗負盛名，但是現在專家們似乎對巴西咖啡懷抱著複雜的感受。無論其價值如何，安德魯近年來最喜歡的濃縮咖啡單品豆，有些就來自巴西。巴西咖啡絕對值得一試，尤其是如果你喜歡溫和的口感。

哥倫比亞

海拔 800 至 1,900 公尺｜12,281,000 袋｜多數為水洗處理法

哥倫比亞早在精品咖啡出現之前，就已經「發明」單品咖啡這個概念了。該國與越南相競世界第二大生產國的頭銜，而就生產阿拉比卡豆而言，哥倫比亞則名列第一（越南 97% 的咖啡都是羅布斯塔，目前才剛要開始發展精品咖啡）。哥倫比亞豆通常不像肯亞或瓜地馬拉豆那般具有特色，但是由於三座山脈環繞，又擁有世界上生物多樣性最豐富的地理條件，使得哥倫比亞有能力生產高品質咖啡。2016 年，哥倫比亞所有出口的咖啡中就有 40% 被分級為精品咖啡。不像其他許多國家，哥倫比亞大多數的生產者都在自己的莊園裡處理咖啡，以便控管品質，但同時，他們傳統上不進行杯測，直接將各批次混在一起分類、分級、裝袋，所以可能會因此削弱整體的品質，使得產地特色難以建立。不過，現在哥倫比亞正逐漸跟上趨勢，開始進行對精品咖啡市場而言至關重要的杯測程序，並且實行單一莊園咖啡裝袋。如果想品飲好喝的哥倫比亞咖啡，切記要選擇包裝袋上標示有產區或莊園的豆子。一些比較有名的產區，像是在該國西南部的那麗紐（Nariño）、考卡（Cauca）、南薇拉（Southern Huila）；北部的安蒂奧基亞（Antioquia）和桑坦德（Santander）產區也生產咖啡。哥倫比亞咖啡以品質穩定、良好均衡聞名，通常有著中等的醇厚度、溫和酸質，風味調性從熱帶水果到巧克力都有。

厄瓜多

海拔 200 至 2,000 公尺｜1,089,000 袋｜日曬處理法、部分水洗處理法

雖然厄瓜多政府並未提供精品咖啡農民太多支持（專門種植即溶咖啡粉用的低品質阿拉比卡和羅布斯塔的莊園最受重視），但是仍有一些農民有意願與能力種植有趣且高品質的咖啡。在寫這本書的此時，厄瓜多的精品咖啡出口仍非常小量。Café Imports 是將厄瓜多咖啡帶進美國的買家之一，官網顯示

他們在 2014 年從厄瓜多進口三個貨櫃的精品咖啡時，厄瓜多全部的精品咖啡也才三十個貨櫃。雖然如此，這個國家備齊了所有的條件：它就在赤道上（其名有自）；有咖啡喜愛的火山土壤，更別說有非常潮濕的雨季，還有極高的海拔了。種植的區域包括洛哈（Loja，全國 20% 的阿拉比卡豆都在這裡）、皮欽察（Pichincha）、薩莫拉－欽奇佩（Zamora-Chinchipe）、卡爾奇（Carchi）及埃爾奧羅（El Oro）。最棒的厄瓜多咖啡有著極佳的酸甜平衡。

祕魯
海拔 1,200 至 2,000 公尺 | 2,443,000 袋 | 多數為水洗處理法

祕魯不如其他南美國家在咖啡界赫赫有名，尤其不像巴西和哥倫比亞有強力的國家咖啡組織支持。但是因為安第斯山脈縱貫整個國家，囊括了 28 種微型氣候，讓祕魯咖啡擁有高海拔咖啡的明亮酸質。雖然祕魯一直有基礎建設發展落後的問題，但是近年來，負責監督該國農業的農業灌溉部，已為多數慣用傳統處理法的原住民生產者提供了更多的現代資源和農業教育。祕魯約 60% 的咖啡生長在北邊，包括卡哈瑪卡（Cajamarca）、亞馬遜（Amazonas）、聖馬丁（San Martín）、皮烏拉（Piura）、蘭巴耶克（Lambayeque）。約 30% 種植在該國中部，包括胡寧（Junín）、帕斯科（Pasco）、瓦努科（Huánuco）。南部如普諾（Puno）、庫斯科（Cusco）、阿亞庫喬（Ayacucho）的咖啡種植量最少。祕魯許多咖啡為有機種植（雖然實行有機種植的農民正在極力抵抗葉鏽病），通常具有如鮮奶油般甜甜的調性，像是太妃糖、焦糖、巧克力和堅果。

非洲

蒲隆地
海拔 1,700 至 2,000 公尺｜ 246,000 袋｜多數為水洗處理法

位在盧安達以南的東非小國——蒲隆地，是一個極度多山的熱帶國家，相當適合種植精品咖啡。該國種植的多半是波旁或波旁的延伸品種，通常有著厚實的醇厚度及甜感，高海拔的條件則提供了複雜的酸質——趨近完美的組合。主要的種植區域是北邊的卡揚薩（Kayanza）。販售前進行裝袋和貼上標籤時，蒲隆地的咖啡通常會以水洗處理廠為名。卡揚薩市的處理廠超過 20 座，全國則約有 160 座。咖啡在蒲隆地出口排名第一，對當地來說是相當重要的作物。但是由於內戰和其他綜合因素，這個國家在精品咖啡市場裡一直無法大放異彩。不過情況開始有轉機了，這要歸功於生產者和精品咖啡出口商等組織。國家產業也持續推動私有化，結束多年來政府的控制，這對該國咖啡作物的品質有正向的影響。蒲隆地和其鄰國盧安達一樣，時常成為「馬鈴薯瑕疵」的受害者，這種瑕疵的原因來自一種咖啡蟲造成的細菌感染，讓豆子聞起來、喝起來都有生馬鈴薯的味道（我和安德列則都覺得聞起來比較像蘿蔓生菜的菜梗剛切開的味道）。只要一顆瑕疵豆就能毀了整杯咖啡（雖然不代表整袋咖啡都不好——每次只研磨需要份量就能避免一顆瑕疵豆壞了整袋豆），所以在注水之前，先聞聞你的咖啡粉吧！有沒有受到瑕疵影響，一聞就知道。然而，由於當地已經投注大量時間和精力去檢討造成這項瑕疵的原因，同時尋找預防的辦法，近年來馬鈴薯瑕疵已經大幅減少，所以你幾乎不會遇到任何帶有這種瑕疵的豆子。

剛果民主共和國
海拔 700 至 1,500 公尺｜135,000 袋｜多數為水洗處理法

剛果民主共和國位於中非，目前正在重建其精品咖啡計畫。這個國家過去幾十年來受到政治衝突和暴力的摧殘，嚴重影響其咖啡出口：從 1980 年代中期每年出口 13 萬噸，跌落至 2012 年的 8000 噸。不過，在美國還是可以看到剛果豆，該國為了振興產業也做了許多努力。2016 年 5 月，剛果舉辦了第二屆國家杯測評鑑「基伍之味」（Saveur de Kivu）。剛果的產區大部分都在東邊，有著火山土壤，海拔也高。這些區域包括接近烏干達邊境的貝尼（Beni），另外還有基伍（Kivu）和伊圖里（Ituri）。基伍湖（Lake Kivu）對剛果和盧安達的咖啡有極大影響（就像其他東非國家一樣，大湖對周邊地區所種植的咖啡影響顯著），為咖啡帶來有趣的鮮美調性，像是藥草、香料、堅果或胡椒，同時酸甜良好均衡。然而，這些咖啡也都有可能遭受馬鈴薯瑕疵的危害。

衣索比亞
海拔 1,500 至 2,200 公尺｜2,872,000 袋｜水洗處理法、日曬處理法

衣索比亞是精品咖啡最重要的產區，擁有世界上最美味的咖啡。阿拉比卡豆首次在此被人發現也許並非偶然。這個產區最令人感到興奮的一點就在於當地許多小型生產者栽種了上百種原生種（這就是為什麼你常會在衣索比亞咖啡的包裝袋上看到產區資訊寫著「原生種」）。正因如此，雖然衣索比亞咖啡以濃郁花香和水果風味聞名，事實上風味卻多采多姿。這也代表某些產區的風味可能特別突出。比方說，座落於衣索比亞南部主產區西達摩（Sidama）的次產區耶加雪菲（Yirgacheffe），就以生產具有伯爵茶風味特色的咖啡聞名。東邊高地的哈拉（Harar）則以其水洗和日曬咖啡的獨特風味聞名。種植在西邊，例如利姆（Limu）、吉瑪（Djimmah）、列坎普提（Lekempti）、

沃萊佳（Welega）和金比（Gimbi）所產的咖啡，比起其他咖啡更具水果調性。（許多衣索比亞咖啡喝起來帶有藍莓的味道，經過日曬處理變得更加突出。）不論它的風味如何，我覺得衣索比亞的咖啡特色鮮明且輪廓清晰，許多人第一次喝到衣索比亞咖啡的時候，都會說喝起來不像只有咖啡。好喝的衣索比亞豆不需花費太多力氣就能品飲到它的美好風味，所以是初學者很好的選擇。

肯亞
海拔 1,400 至 2,000 公尺以上｜720,000 袋｜多數為水洗處理法法
肯亞是另一個赫赫有名、生產世界上最佳品質咖啡的產區國之一。就算是品質中等的肯亞豆也能媲美其他國家最高級的豆子。高海拔種植的肯亞咖啡特色為活潑的酸質，此外，包含 SL28 在內的某些品種則有獨特的黑醋栗調性，以及莓果、熱帶水果、柑橘水果（特別是葡萄柚）調性。肯亞豆長期以來都在力抗咖啡葉鏽病和咖啡炭疽病，而肯亞政府也已經採取策略培養高品質、抗病性高的咖啡樹種，例如魯依魯 11 號和巴提安。當然，在肯亞，品質才是王道。生產者高超的技巧加上該國獨到的處理技術（獨特的雙重發酵），讓肯亞咖啡維持著高品質。肯亞雖然有許多產區，但是大部分還是座落在肯亞山山坡周圍的大片土地上，南至首都奈洛比（Nairobi）、北至梅魯（Meru）。往西接近烏干達邊境的艾爾岡山附近也有一片產區。另外全國還有一些零星產區。

盧安達
海拔 1,400 至 1,800 公尺｜237,000 袋｜多數為水洗處理法、部分日曬處理法
在當地政府計劃和投資的幫助之下，盧安達從 2000 年早期便自行定位為精品咖啡產地國。如今，盧安達的咖啡在美國各地的精品咖啡館豆單上都很常

見。盧安達和它的鄰國一樣，種植的多半是波旁和波旁的延伸品種，通常有著圓潤的醇厚度，也蠻甜的。讓盧安達咖啡具有識別度的風味包括葡萄乾和其他果乾、帶核水果、柑橘、甜香料。影響東非咖啡甚劇的馬鈴薯瑕疵，一旦發生通常會重創盧安達，並多少有損其形象。大多數的咖啡生產自北部（盧林朵產區〔Rulindo〕種植著全國最棒的咖啡），而西邊的產區則集中在艾伯丁裂谷（Albertine Rift）和基伍湖周圍。南部和東部則尚未大量種植精品咖啡，但是那裡具備了所有符合條件的資源（高海拔、優良土壤、有意願的生產者），未來的發展可期。

坦桑尼亞
海拔 1,400 至 2,000 公尺｜678,000 袋｜多數為水洗處理法

坦桑尼亞位於非洲東岸，雖然知名度不如其北邊的巨星鄰國肯亞，但這裡的精品咖啡仍屬頂級，且與肯亞豆近似。特別的是，坦桑尼亞多數的咖啡樹都種植在吉利馬札羅山坡上，在香蕉樹的遮蔭下。海拔和遮蔭使得豆子緩慢生長，孕育出明亮且極為複雜的杯中風味。不知為何，雖然坦桑尼亞生產的圓豆並不比其他國家多，但是其圓豆在美國非常流行。圓豆並非某特定品種，而是豆子自然發生的一種突變。正常情況下，一顆咖啡櫻桃裡會有兩顆平豆，然而大約在 5% 的機率下，咖啡櫻桃裡只有一顆豆子（而非兩顆），那顆豆子又小又圓，就像一顆圓圓的豌豆（所以稱為圓豆）。通常在烘焙前，圓豆會從一般的平豆中另外被挑選出來，因為它們的形狀不同，所以烘法會不同。沒有被挑出來的時候，你就會在普通的一包豆子裡同時找到扁豆和圓豆。許多人喜歡圓豆，因為他們相信兩顆平豆的營養都集中到一顆豆子裡；也有人認為圓豆喝起來跟別的豆子沒什麼差別。無論如何，如果你在住家附近的咖啡館看見有在販售坦桑尼亞圓豆，可別大驚小怪。

亞洲和大洋洲

印尼
海拔 800 至 1,800 公尺 | 6,679,000 袋 | 濕剝法、水洗處理法

印尼位在印度洋和太平洋之間，由超過一萬三千個火山島嶼組成。咖啡種植在其中幾個島嶼，經常會被視為是獨立產區。例如你常會在包裝袋上看到「蘇門答臘」而非「印尼」，烘焙業者可能還會使用島上的區域或水洗處理廠的名字為咖啡命名。因此，我以其中最熱門的幾個島嶼區分這個產地國。

蘇拉威西

印尼的蘇拉威西島從精品咖啡運動之初就已經是精品咖啡的產區。大部分的咖啡由少數原住民種植在位於南蘇拉威西山區的塔納托拉查區（Tana Toraja）。這個產區許多生產者經常會用一種獨特的處理法來水洗咖啡（稱為「濕剝法」，這樣處理咖啡可能冒著過分陽春的風險），使得這裡的咖啡在離開莊園之前，含水量會比其他處理法的豆子更高。這個作法讓咖啡有著厚重的醇厚度、詭異的泥土調性，包括雪松和綠胡椒，可能會使得喜愛酸質的精品咖啡社群產生意見分歧。不過，1970 年代引進了更多常見的水洗技術，有效提升了蘇拉威西豆的酸質、甜感以及水果調性，也讓人能在精品咖啡的世界裡以更標準化的方式體驗蘇拉威西的咖啡。兩種處理法的咖啡在咖啡館裡都會看到。蘇拉威西島上還有其他產區，包括馬馬薩（Mamasa）、戈瓦（Gowa）、烏塔拉（Utara）。

蘇門答臘

蘇門答臘是印尼西邊的島嶼，這裡的咖啡大部分與蘇拉威西一樣使用濕剝法，使咖啡有著泥土風味，像是藥草、香菇、香料、霉味。這同樣與當今以追求酸質為主的精品咖啡造成衝突，但是也正因它的酸質很低，通常也很滑順，

所以也許對於不特別喜歡酸質的人來說是個好的選擇。蘇門答臘咖啡另一個特點在於生豆呈現獨特的藍綠色（這使得較沒經驗的烘豆師通常會不好拿捏，有時候可能烘過頭）。多數蘇門答臘咖啡產自北邊的高地。你可能曾在包裝袋上看過產區標示著「曼特寧」（Mandailing），但「曼特寧」其實是在塔巴努里（Tapanuli）從事咖啡種植的一個原住民部落名稱。其他產區還包含亞齊（Aceh）、林冬（Lintong）和楠榜（Lampung）。

爪哇

印尼的爪哇島是鐵皮卡和爪哇的誕生地（經典的「爪哇摩卡」配方豆其中一半就是爪哇咖啡，這個配方豆可能是世界上最古老的配方豆之一，但是現在你仍然會在市場上看到）。爪哇在咖啡的歷史上非常重要，所以它已成為一支咖啡的名稱。但是爪哇（及整個印尼）大部分阿拉比卡的產量都已經被羅布斯塔取代，就爪哇而言，高品質的豆子幾乎都已經移到蘇門答臘和蘇拉威西去量產了。不過位在東邊的宜珍高原（Ijen Plateau）仍有一些精品咖啡產量。爪哇還生產大量的麝香貓咖啡，這是世界上最貴的豆子，由一種叫做麝香貓的動物，經由其消化器官處理過後，採集其糞便製成。（不論其價格，大多數的人似乎認為麝香貓咖啡喝起來就跟預期的一樣：就像廁所裡的味道。）

巴布亞新幾內亞
海拔 1,300 至 1,900 公尺 | 796,000 袋 | 多數為水洗處理法

巴布亞新幾內亞位於西南太平洋，佔據新幾內亞島的一半。雖然這裡所產的阿拉比卡豆（大部分是有機的）只佔百分之一，巴布亞新幾內亞仍是非常有趣的精品咖啡產地國，杯中風味多半細緻、醇厚度輕盈，風味多變，從巧克力到柑橘都有，端看產區而定。巴布亞新幾內亞當地約有 40% 的人口種植咖

啡，其中 95% 的農民最多只有百餘棵樹（通常更少），農地面積很小。這些小農所產的咖啡約佔全新幾內亞的 90%。隨著老舊的莊園消失，小型生產者變得更有組織、更有技巧，巴布亞新幾內亞的咖啡也在品質上大幅進步，有時候還能得到優異的成績。但即使如此，巴布亞新幾內亞的基礎建設非常有限，挑選待收成櫻桃的過程也很簡陋，使得整體咖啡品質下降。產地包括西部高地／瓦吉谷地（Wahgi Valley，你在包裝袋的標示上可能會看見昆金〔Kunjin〕或烏亞〔Ulya〕，它們是地區處理廠的名字）、東部高地和欽布谷地（Chimbu Valley，通常也會拼成 Simbu）。

葉門（摩卡）
海拔 1,500 至 2,000 公尺以上｜20,000 袋｜多數為日曬處理法

葉門是一個位於阿拉伯半島，與衣索比亞隔海相望的小國，自咖啡貿易開始以來，就一直從事咖啡的種植及出口。葉門最有名的咖啡：摩卡（Mocha），與摩卡飲品或巧克力沒有關係，最初的命名是來自於該國西岸的港口城摩卡（Mokha）。這種高品質的豆子就是著名配方「爪哇摩卡」的另一半。葉門現在種植的許多咖啡都是原生種，就像衣索比亞一樣，而且多以傳統方式處理。大部分的咖啡是在該國西邊生產的，因其明亮酸質和複雜度，咖啡專家通常將其風味特色描述為「奔放的」。不過，葉門的咖啡在美國並不普遍，因為該國政局嚴重的衝突情形導致其咖啡產業敗壞，因此葉門出口的豆子在過去幾年不斷縮減。不過生產者仍堅守崗位從事處理、種植，讓當地咖啡產業復原力有目共睹。2015 年，一群葉門咖啡出口商從葉門逃出來參加年度精品咖啡協會研討會，重新將葉門咖啡介紹給這個世界。隨著當地越來越多個人與組織共同合作，精品咖啡等經濟作物的基礎建設日漸完善，未來在美國市場上應該也會有更多葉門咖啡可供挑選了。

處理法

咖啡櫻桃一旦收成，就要將生豆和櫻桃果肉分離，而將櫻桃移除的處理過程會大幅影響咖啡的味道。以下是一些常見的咖啡處理法，以及對風味的影響：

- **水洗／濕處理法**

  顧名思義，這種處理法表示在將咖啡櫻桃從豆子上移除時，使用到了水。傳統上是這麼做的：將咖啡櫻桃投入機器（稱為去果皮機），移除櫻桃的果皮。接著咖啡被移到大水槽裡，裡面裝滿水，讓它們在裡面發酵。發酵過程的長短以及使用的水量根據不同的產區和生產者各有不同，但是大家的目標都一樣：將櫻桃果肉從豆子上移除。發酵過後，剩餘的果肉會被分解，用水就可以沖走。等豆子乾淨之後就從水裡移出，放在太陽下曬乾。此時要經常性地翻攪豆子，讓豆子均勻、緩慢地乾燥。有些生產者會使用機械乾燥豆子，特別在那些乾季較短的地區。（咖啡專家

  ### 水洗不代表乾淨

  我（充滿疑慮地）聽烘焙業者告訴消費者，水洗的咖啡比日曬的乾淨，而且某種程度上會將咖啡豆裡的毒素移除。這完全是毫無根據的鬼扯。「水洗」一詞只是說明整個處理過程中使用了水。的確，日曬豆在處理過程中比較會有像是發霉腐爛等瑕疵風險，但只要好好的控管就能避免這些風險。除此之外，烘焙業者很難會拿到有瑕疵的豆子，就算真的到了烘焙業者手上，他們也會馬上知道咖啡有問題，不會售出。

通常不認為這是個好辦法，因為豆子可能會乾燥地太快。而研究指出慢速乾燥的過程會直接影響風味留存在生豆裡的程度。）

世界上大部分的咖啡都採用水洗處理法。水洗處理法容易讓豆子有著細緻的特色，包括酸質、風土和品種特色，都能在杯中呈現出來。水洗處理也是一個高度受控制的過程，讓產出能具有一致性。在豆子乾燥前就先將果肉移除，可以降低犯錯的機率。

- **日曬／乾燥處理法**

在去果皮機發明之前，所有的咖啡都是日曬處理的。在這個處理法中，咖啡櫻桃收成後，果肉不會從豆子上移除。反之，櫻桃是緊緊黏在豆子上進行乾燥，直到果肉乾燥到可以直接用機器移除的程度。正因如此，櫻桃的風味（通常在水洗處理法中會被洗掉）在乾燥過程中會直接進到豆子裡。因此，日曬咖啡的風味相當突出：比起水洗豆更多水果調性、更少酸質。對生產者而言，要生產完美的日曬咖啡很有挑戰性，除了花費的時間較長，還需要費心控管以防止發霉腐敗或其他可能在溫暖潮濕的環境裡生成的瑕疵，避免造成咖啡有負面的風味。

- **去果皮日曬／蜜處理法**

去果皮日曬始於巴西，之後流傳到中美洲，特別是哥斯大黎加，當地稱此為「蜜處理」（miel，西班牙語的蜂蜜）。這與水洗處理法類似，不過在進入去果皮機移除果皮後，直接帶著部分果肉進入乾燥階段。技術上說來，真正的去果皮日曬／蜜處理會連同整個果肉進行乾燥，但是現

在這個處理法出現許多變化，也有不同的名稱：紅蜜、黃蜜、黑蜜和半水洗。這些處理法之間的差異與乾燥前留在豆子上的果肉多寡程度有關，確切的處理程序根據每個生產者又有所不同。更複雜的是，咖啡業界對此並沒有明確的定義，所以有點各說各話。你可能已經猜到，蜜處理的咖啡有著水洗咖啡和日曬咖啡的一些特性，通常會保有水洗豆的酸質與日曬豆的醇厚度、甜感和泥土調性，但是不會有帶核水果風味。

烘焙

咖啡豆上架前需要先烘焙。所有的生豆都無趣又乏味——聞起來或喝起來沒什麼不同。這不是它們的錯，因為生豆是不可溶物質，意思是我們無法接觸到其中的風味化合物。透過烘焙不但使咖啡成為可溶物質（也就是可被萃取），更能創造出美妙的新風味和香氣。我猜你很可能已經非常熟悉淺焙、中焙、深焙這些概念了吧？但是烘焙業者是如何決定要將豆子烘得多淺或多深呢？而且就風味而言，究竟淺焙和深焙又表示什麼？

首先要瞭解：深、中、淺與魔術般的烘焙時間並沒有關係。一般而言，烘豆師會針對每一支咖啡測試不同的烘焙曲線，直到達到想要的結果為止。烘豆師就像杯測師一樣要針對每一批次進行品飲，並決定最適合的烘焙曲線（結合時間和溫度）。手工咖啡烘豆師通常喜歡能將豆子某些特色（根據它的產地或處理法）強調出來的烘焙曲線。這種思維就如同其他注重工藝的產業，像是釀造紅酒和製作起司一樣。

咖啡烘焙背後的科學尚未明朗，事實上烘焙的藝術仍屬於娃娃學步期。隨著

烘豆師繼續學習、實驗，我們漸漸明白「淺焙」和「深焙」這樣的區分過於簡單，對在家沖煮咖啡的玩家來說，這也許不是根據喜好去選擇咖啡最好的方式。真正與決定風味有關的是烘焙曲線：時間和溫度的掌控。但是解釋烘焙曲線的概念實在太複雜了，於是我向喬・馬洛克（Joe Marrocco）取經，希望他針對這個主題給我們一些釐清的方向，他在明尼亞波利斯（Minneapolis）的 Café Imports 上班，也是烘豆工會執行委員會的成員：

　　一個追求咖啡要有著生動、極度明亮、複雜度的烘豆師，很可能會將烘焙時間縮得很短，且烘焙溫度較為低溫。試著想像一個人在烤餅乾，想要把餅乾烤得黏一點，吃起來比較像麵團的話也會這樣做。而一個烘豆師如果希望能烘出溫和帶甜、易於萃取的咖啡，可能就會用比較高的溫度、較長的烘焙時間。最後，如果一個烘豆師希望人們嘗到他對咖啡所投入的心力，而非咖啡本身的特色，甚至希望挖掘黑巧克力或是煙燻的調性，那麼他就會將烘焙過程拉得更長。較深的烘焙使用的溫度較高，所以才會有那些焦炭般、厚重的焙烤風味。

一般來說，咖啡豆受熱越久越高溫，風味就會改變越大。物質暴露在熱源下會產生化學層面上的變化，咖啡豆也一樣。一旦生豆接觸高溫，會發生各種化學變化，每一種變化對豆子的風味表現都有所影響。以下簡短說明咖啡烘焙時的化學反應和烘焙階段：

- **梅納反應**

　　這個反應發生在攝氏 150 ～ 200 度之間（華式 302 ～ 392 度）。梅納反應能引發很多風味，且為咖啡豆上色。梅納反應是一種褐變過程（事實

上，褐變過程有很多種，梅納反應是一個統稱的名詞），而不是燃燒過程，它是由生豆裡氨基酸和還原糖之間產生的化學反應。烤肉等烹飪過程中也會發生相同反應。烤得剛剛好的酥脆美味就是來自梅納反應。氨基酸和糖分的改變增添了新風味（特別是鮮味，而非甜味），或是強化豆子原有的味道。

• 焦糖化

好香好香！我猜你對這個階段不陌生——當豆子烘焙到攝氏 170 ～ 200 度之間（華氏 338 ～ 392 度），你就可以將它們想像成義式烤布蕾了。咖啡豆裡的糖分很高，而在這個階段，糖分開始褐化（也就是焦糖化），釋放出酸、香氣成分。這些酸和香氣分子對風味（見第五章）及杯中均衡有重大影響，這也是本階段的目標。焦糖化階段初期會加深風味的複雜度，但是與預期相反的是，糖分焦化地越多，所感受到的甜度會越低。這表示到了此階段後期，焦糖化開始產生苦味，這可能會遮蓋豆子其他的風味。焦糖化過程會持續到一爆。

• 一爆

咖啡豆在大約攝氏 196 度（華氏 385 度）開始爆裂，聽起來有點像爆米花。到了這個階段，豆子承受著很大的壓力——梅納反應和焦糖化過程都會產生揮發性氣體，再加上水蒸氣及豆子產生的其他化學活性氣體。當一切達到臨界點，豆子便會爆裂，將壓力釋放出來（豆子的大小也會膨脹一倍）。想要將豆子特色（也有人稱產區特色）發揮出來，呈現喬所說的咖啡很「生動」的烘豆師，通常就會將烘焙結束在一爆和二爆之間。

- **二爆**

豆子持續加熱至大約攝氏 212 ～ 218 度（華氏 414 ～ 424 度）之間時，有些豆子就會開始出現二爆的跡象。這一次的爆裂聲來自豆子細胞壁破裂的聲音，熱能開始破壞豆子的結構，而二爆其實就是豆子崩解的聲音。大部分的咖啡在攝氏 230 度（華氏 446 度）就會進入二爆，到這個階段，豆子的色澤逐漸變深，而且因為開始有油脂分泌，使得表面略帶光澤。

如果烘豆師烘到超過二爆（當所有的豆子都經歷二爆之後），那麼豆子就會越來越深，徹底進入深焙的領域，持續地變深、變亮，原本明亮的細緻酸質崩裂後嚐起來更苦更濃。換句話說，豆子開始產生較多與烘焙有關的味道（也有人稱烘焙特色），像是喬說過的巧克力或是煙燻調性。糖分開始燃燒，隨著烘焙持續進行，豆子碳化更嚴重了，就像一顆顆小小的木碳粒一樣。到了這個階段，豆子嚐起來就像其他燒焦的東西一樣。如果繼續烘焙，最終就會像任何有機體一樣著火。不論如何，人們總是分成兩派：喜歡豆子本身味道的人和喜歡烘焙風味的人。手工咖啡教父喬治 · 豪爾（George Howell）曾經說過：「深焙的咖啡就像濃郁的醬汁一樣，可以把味道蓋掉。」照這個說法，喜歡深焙或喜歡淺焙的人們，就如同喜歡肉料理的醬汁或是喜歡肉本身的人們一樣。另一個思考的方式就是拿來與紅酒和威士忌比較，有些人喜歡風土條件為紅酒帶來的風味，有些人喜歡威士忌經過陳年／裝桶的過程形成的風味。

這些當然沒有孰優孰劣，全視個人喜好。星巴克和其他第二波咖啡館讓強調烘焙特色的烘焙手法變得流行，而且我認為就算到現在，一般大眾也還是將精品咖啡（也就是高品質咖啡）與那些風味聯想在一起。這樣的烘焙通常較

有一致性，日復一日、年復一年，這項特質倒是很吸引人。然而對很多人來說，星巴克或許也是吸引他們踏入手工咖啡世界的墊腳石，而如我們所見，手工咖啡追求的是實驗各種烘焙曲線，就為了找尋豆子原有的風味。在我看來，手工咖啡烘豆師獨樹一格的烘焙技巧，是讓他們在精品咖啡這把大傘下脫穎而出的絕佳手段。

絕對值得一提的是，並不是用低溫烘得快又淺，豆子就會自動變好喝。第一，這樣的烘焙曲線會讓咖啡喝起來比較酸，就算是再令人愉悅的酸質也需要花點時間習慣。同一支豆子使用較淺的烘焙時，溶解度也會跟著變差，意思是咖啡顆粒在水裡很難溶解，需要花更多心力去萃取風味。就像豪爾先生說的，這種烘焙掩蓋不了任何事，所有只要烘久一點就能遮掩過去的小瑕疵，這種烘焙都會讓它大剌剌地呈現在杯中。此外，如果烘焙得太淺，使得豆子與熱接觸的時間不足時，好的風味就會沒辦法發展出來，最後豆子喝起來就會像木頭或是麵包，而且品質都不是太好。

去咖啡因

大部分手工咖啡烘焙業者，對於想要大幅降低咖啡因，或是在一天的某個時間後想限制咖啡因攝取量的人，都能提供高品質的低咖啡因選擇。說得更清楚一點，去咖啡因後的咖啡並非完全不含咖啡因，而是仍會含有一些咖啡因：每 6 盎司的咖啡會含有 3 ～ 6 毫克的咖啡因。作為對照，普通一杯阿拉比卡手沖咖啡每 6 盎司含有 75 ～ 130 毫克；綠茶則是每 6 盎司含有 12 ～ 30 毫克。所以，去咖啡因的豆子，咖啡因含量真的相對較低，不過若是喝太多，加起來還是會有一定程度的量。

有些咖啡樹的豆子天生就不含咖啡因，但就我所知，這些樹並未廣泛地種植。這也表示大部分去咖啡因的咖啡，都是咖啡因先被萃取出來的生豆。目前從咖啡裡移除咖啡因的方式主要有四種，每一種方式都要先將生豆泡在水裡，然後利用某種添加物將咖啡因溶出來。你可能已經猜到，光靠水是沒辦法成事的，當然水會將咖啡因萃取出來，但是風味分子也會被溶出，咖啡就會變得平淡無味。要沒有咖啡因又沒有味道的咖啡做什麼呢？一點意義也沒有。有些去咖啡因的方式要使用化學溶劑（像是二氯甲烷，有些人認為是致癌物）以移除咖啡因。手工咖啡烘焙廠幾乎不會去選擇暴露在化學物下的豆子，因為咖啡的風味會受到影響，又有化學殘留物（有些溶劑可能會對人體健康造成傷害）。以下列舉兩個較佳的去咖啡因方式，其中瑞士水處理法較為常見。

關於咖啡因含量

以科學的角度來說，咖啡因是一種在咖啡豆和其他像是茶樹、瑪黛茶葉、可可樹裡會找到的自然物質，是沒有氣味，嚐起來苦苦的生物鹼。它一開始其實是一種精神藥物，因為它能刺激中樞神經系統和自律神經系統。而這就是人們喜歡咖啡因的理由：比起別的東西，它能暫時阻斷使你感到疲勞的感覺器官，同時還能提升專注能力。

一杯6盎司的咖啡含有大約100～200毫克的咖啡因。不論你之前聽說過什麼，烘焙對於豆子裡的咖啡因含量不會有任何影響，因為咖啡因並不會在烘焙過程中被製造出來，也不會被消滅。從生豆到熟豆，不論烘焙程度，咖啡因含量都幾乎沒有變動。真正影響你杯子裡咖啡因含量的有兩個因素：

- 種／品種

羅布斯塔的咖啡因含量是阿拉比卡的兩倍：阿拉比卡每6盎司含有100毫克，羅布斯塔每6盎司則將近200毫克。而阿拉比卡豆裡不同品種的豆子之間，咖啡因含量也有些微不同，但是差異不大。

- 烘焙程度

什麼！？剛剛不是才說與烘焙程度無關嗎？這裡指的不是從生豆變成熟豆的過程，而是要將豆子實際上的重量變化考慮進去：淺焙豆比深焙豆重（一磅深焙豆比起一磅淺焙豆，豆子可能會多出超過90顆。）所以，如果你用重量測量你的豆子，那20克的深焙咖啡就會比20克的淺焙咖啡的咖啡因高，因為豆子就是比較多顆！換個方式說，淺焙豆比深焙豆小顆，因為它們在烘焙過程中沒有膨脹地那麼大，所以如果你使用豆勺測量你的豆子，那一勺淺焙的豆子就會比一勺深焙的豆子多，表示你沖出來的淺焙咖啡裡的咖啡因含量會稍微比深焙咖啡多。這就是科學！

二氧化碳法

二氧化碳可以用來移除豆子裡大部分的咖啡因。二氧化碳在壓力下會從氣體轉化為液體，而且能和咖啡因分子相互附著，二氧化碳去咖啡因就是利用這樣的特性。首先，豆子浸泡在熱水裡，熱能將豆子的毛孔打開，讓咖啡因有路可逃。浸濕的豆子從水裡撈出來後移到另一個分開的容器，與加壓的液態二氧化碳混合。液態二氧化碳將豆子裡的咖啡因吸附出來，卻不會吸附風味分子。接著再將二氧化碳移除，留下去咖啡因的咖啡豆。咖啡因還能再從二氧化碳中分離出來做其他用途（例如加在汽水裡），而二氧化碳則可以回收

再利用。比起瑞士水處理法，二氧化碳法的一個優點就是：從頭到尾風味分子都留在豆子裡，所以理論上來說，風味分子受到破壞或流失的機率就大幅減少。不過，這個方法所需的機具非常昂貴，所以除了巨大的商業操作之外，幾乎不太會使用。對精品咖啡而言，瑞士水處理法是最為常見的。

瑞士水處理法

瑞士水處理法的核心目的，就是以不使用任何化學物質的方式去除咖啡因，連二氧化碳都不用。這個移除咖啡因的方法完完全全是靠「科學」（也就是溶解性和滲透性）。和二氧化碳法一樣，豆子先被放置在熱水裡好幾個小時，直到風味、油脂、咖啡因開始溶進水裡。這些咖啡水接著會通過含碳濾網——一個設計來單純抓住咖啡因分子的機制。於是我們會得到一堆既沒風味又沒咖啡因的豆子，以及一缸有著風味卻沒有咖啡因的水，成為「生豆萃取液」（Green coffee extract，簡稱 GCE）。生豆萃取液裡所含的油脂和風味分子，與普通生豆所含無異，只是裡面沒有咖啡因而已。

接著就開始滲透的過程。沒有風味的豆子被丟棄了，「新」的豆子（充滿風味）則被拿來泡進生豆萃取液裡。藉由滲透的原理，因為豆子和萃取液有著同樣程度的風味分子，處於平衡狀態，所以新豆子只有咖啡因會溶進水裡，進而去除咖啡因，卻同時保留其大部分的風味。以後當你看到「瑞士水處理」的去咖啡因豆，就會知道這種咖啡的處理過程中不含任何有意、有害的化學溶劑。你可能也會發現去咖啡因的豆子比其他含咖啡因的豆子貴，這是出自於額外處理所產生的費用。

第四章

購買咖啡

踏上手工咖啡的旅程後，會發現連要買到好的咖啡豆都是一項挑戰，更別說還要解讀標籤上的術語。我在這一章會探討如何識別手工咖啡、該在哪邊購買、如何閱讀標籤，以及買回來之後如何維持新鮮。

手工咖啡何處尋

比起過去，現在消費者很容易就能找到手工咖啡。如果你住城市，或許能找到幾間精品咖啡館，他們提供各色咖啡豆給消費者選擇；但要是你住郊區，可能因無法到實體店面購買而需要網購，即便如此，還是有許多咖啡可以挑選。美國現在有上百間手工烘焙廠，如果知道門路，瞭解怎麼選的話，就可以找到高品質的咖啡豆。

要是你對居住地附近的烘焙廠不熟悉，或是附近沒有烘焙廠，那麼可能很難將手工咖啡從貨架上的各種咖啡中區分出來，因此需要做一些功課。但要記住，我討論的烘焙廠可能不會自稱為「手工咖啡烘焙廠」。大家可以根據各烘焙廠網站上描述的理念，還有包裝上的用語，來判定烘焙廠是否真的符合手工烘焙廠的特質。一般來說，手工烘焙廠有以下特點：

- **規模不大。**（通常）為獨立烘焙廠。美國規模最大的四家烘焙廠通稱為「四大」，包括樹墩城咖啡（Stumptown，位於奧瑞岡州波特蘭）、知識份子咖啡（Intelligentsia，位於伊利諾州芝加哥）、藍瓶咖啡（Blue Bottle，位於加州奧克蘭）、反文化咖啡（Counter Culture，位於北卡羅萊納州杜倫）。這幾間烘焙廠公認是帶領手工咖啡運動的品牌，雖說在手工咖啡界可能鼎鼎有名，但整體名氣依然不如連鎖精品咖啡品牌，

如：星巴克。2015 年時，擁有皮爺咖啡和馴鹿咖啡（Caribou Coffee）的企業集團收購樹墩城咖啡和知識份子咖啡多數的股份，但兩家公司依然在誓言拓展業務時，品質也不會讓步。股份收購可能會讓這兩家手工咖啡公司的成長速度較原本快上許多。相較於四大，其餘手工咖啡烘焙廠的規模通常很小，但可能還是有一兩家當地烘焙廠主宰各地區市場，從這個角度看來，手工咖啡跟精釀啤酒非常相似。

- **明顯注重品質。**手工咖啡烘焙廠在其網站和咖啡豆包裝上，都會清楚表達對品質的重視。你可能也會看到他們對咖啡資源、採購、烘焙、銷售等相關理念，上面也會出現一些手工咖啡的用語，像是精品咖啡、建立關係、從種子到咖啡、透明、精準烘焙、夥伴關係、尊重、道德栽種與購買、責任採購、職人……。

- **在意咖啡的故事。**手工咖啡烘焙廠通常會將很多資訊放在網站上，解釋咖啡的來源，且絕大多數都會討論咖啡的產地，甚至可能會提供處理廠、合作社、莊園、採收或處理咖啡豆的生產者等鉅細靡遺的資訊。另外可能也會提到進口商。

- **在包裝袋上提供大量資訊。**包裝袋上的資訊越多，特別是烘焙日期與產區資訊，就越有可能出產自手工咖啡烘焙廠，當然也不是所有的烘焙廠都會印一大堆資訊在包裝袋上。請參考第 161 頁，瞭解如何解讀咖啡包裝袋與該注意的資訊。

要找到手工咖啡，就必須先找到烘焙廠。烘焙廠通常都會經營自己的咖啡廳，而且也會將咖啡豆量販給其他咖啡館或超市，但有時候烘焙廠的廠名會與咖

啡館不同。換句話說，就算住家附近沒有烘焙廠，還是有機會買到好咖啡。

超市

住家附近如果沒有手工咖啡烘焙廠，可以先去當地的超市找看看。超市賣的咖啡種類差異很大，會因你居住的地方而有所不同。超市的好處就是不論所在地點，咖啡陳列的方式都大同小異。品質最低的商業咖啡通常都裝在大玻璃罐或錫罐中，放在同一區；而像星巴克、皮爺咖啡、馴鹿咖啡，還有其他想要競爭同一個市場的品牌，例如：Dunkin' Donuts、潘娜拉（Panera）和較高端的商業咖啡豆品牌通常也會擺放在同一區。你去的超市如果販售手工咖啡，擺放的位置應該也會靠近精品咖啡。但我注意到某些品牌，特別是大品牌，產品可能會佔好幾櫃。酒類專賣店多在下層擺放較廉價的商品，上層則擺放較高端的商品，但超市的陳列則不一定比照辦理。

要確認自己買到的是手工咖啡，最簡單的方法就是熟悉手工咖啡的大品牌及在地與地區的烘焙廠，因為住處附近的超市很可能就會賣這些品牌的咖啡。住得離市區越近，不論是品牌還是種類，咖啡的選擇可能就越多。我常去的芝加哥連鎖超市販售各式手工咖啡，種類多到驚人，不過多數小型烘焙廠的產品都來自於芝加哥或鄰近的中西部城市。但我在印第安納的老家位在一個小鎮，就連要在超市找到未研磨的精品咖啡都很困難，更不要說手工咖啡品牌。如果住處附近的商店販售手工咖啡，但種類不多，你應該至少會看到「四大」中的其中一家。運氣好的話，還可以在裡面找到一些當地烘焙廠的豆子。但美國烘焙廠的數量也越來越多，就跟雨後春筍一樣，就連小城市也不例外，所以或許可以找到意外的驚喜。

要是你對當地烘焙廠不熟悉，可以注意以下要點，避開這些特徵，以免買到的不是手工咖啡：

- **罐裝。**手工咖啡店一定會用袋子裝咖啡，而不會使用罐子，袋子上通常會有一個塑膠設計，看起來像是肚臍，其實是單向氣閥，可以排出二氧化碳，避免氧氣滲入。多數手工咖啡烘焙廠都會使用這種包裝讓咖啡保持新鮮。

- **調味咖啡豆。**手工咖啡的包裝上通常會有風味描述（見第 174 頁），手工咖啡烘焙廠絕對不會販售添加人工香料的咖啡。看到這種咖啡，就像遇到瘟神，馬上掉頭迴避。

- **隱晦不清的產區。**手工咖啡烘焙廠多半會詳細地標明咖啡的來源，通常會標示產地與產區。烘焙廠會因為能夠傳遞這些資訊而引以為豪。如果咖啡包裝上絕口不提產區，或是資訊模稜良可，例如：「島嶼配方」（除非還列有其他特定資訊），就值得懷疑。就算是「哥倫比亞」、「巴西」這些字詞也常在廉價咖啡的包裝上出現，所以它們並不具參考價值。

- **強調深焙。**咖啡若標上「法式烘焙」，就很可能不是手工咖啡。其實包裝袋上只要提到深焙（例如法式或義式），可能就不是來自手工烘焙廠的咖啡。有些手工烘焙廠確實也販售深焙咖啡，但不會使用前述詞彙。如果包裝上強調濃郁、厚實、深焙，則也很可能不是手工咖啡。

- **強調有機或公平貿易。**超市販售的某些品牌會投入較多心力提倡有機且／或公平貿易，而較不注重咖啡豆本身。雖然這不代表咖啡品質一定不

好，但這樣的資訊通常不是手工咖啡會強調的重點。

在美國，比起地區型連鎖超商，在一些超市可能較容易找到手工咖啡，像是全食超市（Whole Foods）和類似的商家，這類超市通常會引進當地產品銷售。然而，小型烘焙廠要在連鎖超商中上架還是比較困難，所以也別忘了到附近的獨立超商或合作社看看。

咖啡館和烘焙廠

手工咖啡烘焙廠通常也會經營咖啡館，販售飲品、器材、自家咖啡豆。如果小型烘焙廠也經營咖啡館，你就一定可以在店裡直接買到他們的咖啡豆。更棒的是，如果你對他們的豆子有問題，店裡的人也能夠回答，購買咖啡豆的話還可以瞭解如何正確地沖煮。

許多獨立咖啡館不是由烘焙廠經營，這些店家可能會使用某家烘焙廠的豆子，通常是「四大」或附近烘焙廠出產的咖啡豆，也可能使用多家烘焙廠的咖啡豆。這些獨立精品咖啡館除了販售飲品以外，通常也賣咖啡。全美獨立精品咖啡館總數比星巴克還多，所以離你不遠處可能就有一家能滿足你對手工咖啡的需求。但要澄清一點，並非所有的獨立精品咖啡館都是手工咖啡館。某些店家的咖啡師訓練精良，投入很多心力提升自身技巧和技術，而且也使用手工咖啡豆，但這些只是轉變的第一步，仍然不算是手工咖啡館。要如何知道住家附近的咖啡館是否為手工咖啡館呢？請注意以下幾點：

- **知識豐富的咖啡師。**一家真正的手工咖啡館，吧台後的咖啡師應該能夠回答你所有的問題，包括咖啡產區、風味、正確的沖煮方式。如果咖啡

師無法回答這些問題，這家咖啡館應該就不是手工咖啡館。

- **手工沖煮方式。**你可能會看到吧台上放著 Chemex 或 V60，甚至看到一個巨大、類似實驗器材的儀器（用來作冰滴咖啡）出現在吧台後方，或是佔去某個牆面，這時你大概就能肯定這是一家手工咖啡館。

- **資訊複雜的看板。**手工咖啡館通常會在櫃檯旁擺設小看板，上面列出每日販售的咖啡種類，咖啡往往以產地、沖煮儀器，或前述兩者為名，例如：瓜地馬拉愛樂壓。在讀這本書之前，你可能無法感受這些詞彙的意義。要是咖啡館並未跟特定烘焙廠合作，販售時可能就會強調烘焙廠的名字。

- **販賣空間。**手工咖啡店通常會有一個小型空間（有時候也可能只是幾個櫃子而已），用來販賣儀器和其他咖啡設備。

- **拉花。**手工咖啡館的咖啡師通常會在拿鐵或其他濃縮飲品中，做出愛心或花朵形狀的拉花。

手工咖啡運動最近還有一個趨勢，就是在咖啡館以外的店家販售手工咖啡。我的家鄉是個小鎮，目前我可以在至少兩間非咖啡館的店家（一家是冷凍優格店，另外一間是甜甜圈／漫畫店）買到知名芝加哥烘焙廠的咖啡豆。由此可見，現在就算不在手工咖啡館也買得到手工咖啡。

網路
就算你家附近沒有販賣手工咖啡的地方，還是有機會。幾乎每家手工咖啡烘

焙廠都有網站，提供線上銷售服務，且大多會詳細介紹自家的咖啡豆，好讓你知道買的是什麼豆子。此外，他們也會自行處理出貨事宜，確保販售的是新鮮的咖啡豆，所以請放心，你收到的咖啡不會酸敗。你可以透過網路買到位於全國各地烘焙廠的咖啡豆，可供選擇的品項之多（我列了一些最愛的店家在「資源」章節，請參考第 259 頁）。有些人可能會說選項太多了，所以有些線上網站也提供咖啡訂購服務，他們會收取月費，定期寄送精選咖啡豆給你。這類的訂購服務通常較單包購買貴一些，如果喝咖啡的速度趕不上出貨量，就會不划算。但好處是很方便，可以將各式各樣的咖啡宅配到府。

季節性

近年來，許多手工咖啡烘焙廠開始注重咖啡的季節性。季節性對咖啡界來說是新概念（至少對手工咖啡界來說是相對新穎且開始普遍受到關注的觀念）。然而，咖啡本來就是季節產物。咖啡櫻桃是水果，就跟多數水果相同，只會在一年中某幾個時期生長。多數生產咖啡的國家都有特定的生長、採收、處理、運送生豆的時間表。除此之外，通常咖啡也有收成旺季，往往是在採收期中間，多數咖啡櫻桃在這個時候會處於最佳狀態。有些國家因為氣候之便，所以全年都可以栽種收成咖啡，其餘國家則各有一個生長期和一個採收期，即便如此，其中只有一季可以生產出最高品質的咖啡豆。

許多咖啡烘焙廠認為咖啡豆應該要在旺季烘焙及銷售，即採收後盡快烘焙售出。但咖啡豆的處理時間需要數週，運到美國又需要數週，因此採收後 9 個月內賣出的都算是當季咖啡。

有些烘焙廠則認為談論季節根本是一派胡言，只是刻意製造出稀少性，根本沒必要。他們表示，只要咖啡存放妥當，生豆就可以保持新鮮，甚至有些人認為生豆可以保存一年以上而不變質。如果這個說法是真的，大家應該就可以全年喝到各種咖啡。

兩種說法都各具說服力，有些生豆可能具備某些特性，能夠保存很久而不變質；某些生豆則可能很快會走味。安德列看過有些生豆在烘焙廠尚未整批烘完前，生豆品質和風味都已經變質。反之，他有時也會利用看起來已經不新鮮（放了一年多）的生豆訓練新進員工，但烘焙過後的風味還是很棒。有些人則堅持應該依照咖啡產季品飲咖啡，因為每個時節都有固定的產地生產優質咖啡豆，好咖啡處處可見，沒有必要儲藏咖啡。

這些資訊對於各位在家煮咖啡的玩家來說有什麼意義呢？我要表達的主要就是你很可能無法全年都能找到最喜歡的單品咖啡。你會發現多數烘焙廠每年同一時期會不約而同開始販賣某種單品咖啡，例如衣索比亞的豆子通常會在六月和七月間上架，而許多巴西的豆子比較常在冬天看到。下一頁的圖表列出最受歡迎產區的平均收採收期和市場可得性（熟豆販賣時期）。請注意，這個時程只是估計值，採收和運送時間可能因為許多原因而延後，其中天氣的影響最大。

採收時程

產區	1月	2月	3月	4月	5月	6月	7月	8月	9月	10月	11月	12月
玻利維亞	○	○						●	●	●		○
巴西	○					●	●	●	●	○	○	○
蒲隆地						●	●	●		○	○	○
哥倫比亞		○	○	◎	●			○	○	●	●	●
哥斯大黎加	●	●	●	○	○	○	○					●
剛果	◎	○	◎	◎	◎	●	○	○	◎	◎	●	
厄瓜多					●	●	●		○	○	○	
薩爾瓦多	●	●	●	○	○	○	○					●
衣索比亞	●	●	○	○	○	○					●	●
瓜地馬拉	●	●	●	○	○	○	○					
夏威夷	●	○	○	○	○					●	●	
宏都拉斯	●	●		○	○	○						●
牙買加	●	●				○	○					
爪哇	○						●	●	●		○	○
肯亞	●	●	○	○	○	◎	●			○	◎	●
墨西哥	●	●	◎	○	○	○	○				●	
尼加拉瓜	●	●	●	○	○	○	○					●
巴拿馬	●	●	●		○	○	○					
巴布亞新幾內亞						●	●	●		○	○	○
祕魯	○	○						●	●	●		○
盧安達				●	●	●	●	○	○	○	○	
蘇拉威西	○	○	○				●	●	●	●	◎	○
蘇門答臘	●	◎	◎	○	○	○	○			●	●	●
坦桑尼亞		○	○	○						●	●	●
葉門		○	○	○						●	●	●

標示：● 採收　○ 上市　◎ 兩者

解碼：咖啡包裝上的標籤

有時候，手工咖啡烘焙廠的咖啡包裝上，會有很多看起來艱澀難懂的資訊，而且都還不附解碼工具。業餘玩家到底該瞭解多少資訊呢？其實端看你在意及想要瞭解什麼。這些資訊通常只是烘焙廠想讓你知道他們做了功課，知道自己賣的咖啡來自哪個產區和採用的處理法。包裝袋上資訊越多的烘焙廠，就越有可能回答你對咖啡生產方式提出的疑問。稍後你就會知道這點很重要，因為正式產區標誌在咖啡界特定意義。這些印在包裝上的資訊是要協助大家在一列列的貨架上辨認手工咖啡、精品咖啡、商業咖啡。接下來，我會一一說明包裝上最常見的基本資訊：

咖啡豆或咖啡粉

這點不言自明，但我還是藉機強調一下，如果你想在家煮好咖啡，就不要買磨好的咖啡粉（請見第 84 頁）。

配方豆或單品豆

選購咖啡豆的其中一個首要之務，就是要注意袋中的豆子是否來自相同產區。如果來自不同產區，這包豆子就是配方豆；要是產區都相同，就叫做單品豆。某些手工咖啡烘焙廠很不喜歡販售配方豆，我猜是因為有些人認為配方豆相較於單品豆來說，比較不純，或者是因為有謠言說烘焙廠會利用配方消耗不新鮮的豆子。但是配方如果調製得好，也是業餘玩家不錯的選擇。

理想情況下，配方中不同種類的咖啡豆可以互補，創造平衡一致的風味。許多人追求一致性（或至少喜歡它呈現的表象），而配方豆就是能達到一致性的方法之一。

解讀咖啡包裝袋上的標籤

標示
1. 咖啡豆或咖啡粉
2. 配方豆或單品豆
3. 農場／莊園、生產者、處理廠
4. 品種
5. 海拔
6. 處理法
7. 焙度／烘焙日期
8. 風味調性
9. 認證

哥倫比亞 COLOMBIA
③ 艾德米拉・卡瑪優 EDELMIRA CAMAYO ②

⑦ 烘焙日期	2017年11月14日	
莊園	福塔雷薩 LA FORTALEZA	
產區	托托羅考卡 TOTORO, CAUCA	②
⑤ 海拔	2,000 公尺	
④ 品種	卡斯提優 CASTILLO	
處理法	水洗 FULLY WASHED	⑥
⑧ 風味	焦糖 CARAMEL	
	蜂蜜 HONEY	
	烘烤堅果 ROASTED NUTS	
① 咖啡豆	淨重	12 盎司	340 克

月亮蝙蝠 MOONBAT
配方豆 BLEND ② USDA ORGANIC ⑨

⑦ 烘焙日期	2017 年 11 月 14 日
產地	哥倫比亞COLOMBIA、巴布亞新幾內亞 PAPUA NEW GUINEA、秘魯PERU
產區	薇拉HUILA、西高地WESTERN HIGHLANDS、卡哈馬卡CAJAMARCA
處理法	水洗 FULLY WASHED ⑥
⑧ 風味	黑櫻桃 BLACK CHERRY
	黑巧克力 DARK CHOCOLATE
	辛香料 BAKING SPICES
① 咖啡豆	淨重 12 盎司 340 克

現在你已經瞭解單品咖啡的風味差異極大，如果這不是你喜歡的風格，那麼
配方豆或許比較適合你。雖然配方一樣會受季節影響而出現些微變化，但它
依舊會保有你鍾愛的特質，不會偏差太多。烘焙廠要投入很多的規劃和技
術，才能每個月都保持風味的一致性。專業烘焙廠絕不會把調製配方豆當作
投機。

透過調製配方豆，烘焙廠可充分運用剩餘及較低價、品質卻依然完美的咖啡
豆，同時又可提供優質的產品。配方也可讓較低價咖啡豆發揮潛能，這些咖
啡豆單喝可能會有點乏味，但與其他豆子調製成配方，則可能創造出美好風
味。因此，配方豆的價格往往比單品低，讓人容易入手。

配方豆的包裝至少會列出產地，有些甚至會印上產區。有些配方豆的名字很
可愛，而有些則會直接以產地命名。摩卡爪哇就是經典的例子（雖然說有些
配方豆會標上摩卡爪哇，但產地卻不是葉門，也不是印尼。摩卡爪哇常用作
通用的行銷名稱，有些烘焙廠宣稱他們是複製經典摩卡爪哇的風味）。我覺

得會列出產地的烘焙廠比較負責，產品的品質也往往較佳。對於沒有提供產地資訊的手工咖啡烘焙廠，我通常會抱持懷疑；而對於以「祕方」為由而不提供詳細資訊的手工咖啡烘焙廠，我會更加懷疑。

單品咖啡一般至少會以產地為名，通常還會加上產區與處理場，但許多烘焙廠也會納入咖啡產地最特別的資訊（稍後詳細解釋）。多數手工咖啡烘焙廠會努力展現自家咖啡豆的特質，其中一個方式就是以產地分類。產地絕對會影響咖啡的風味，因為與風土條件（土壤、氣候、日照、天氣、海拔）相關的所有因子，造就了咖啡的風味。這些因子逐年而異，甚至相同莊園也可能因為位置不同而形成不同的風土條件，使得同一產地的單品咖啡風味天差地遠。所以很難將衣索比亞或是巴拿馬的咖啡豆風味一概而論。

購買訣竅

商業咖啡豆幾乎都是配方，且包裝上通常不會標示產地。但你可能看過標示著「哥倫比亞」的配方豆，那是因為該國在咖啡產業興起早期，就用這種方式行銷咖啡。除了哥倫比亞算是特例之外，單品咖啡十足展現了手工咖啡的精神。許多精品咖啡大廠也以販售配方豆為主，但會在包裝上列出產地資訊。最近大型精品咖啡公司也更積極推廣自家單品咖啡，並冠上「高級」或「限量」，通常這些咖啡豆出現在咖啡店的機率比超市高。

農場/莊園、生產者、處理廠

越來越多手工咖啡烘焙廠會將小農場和莊園的名字印在包裝上，有時候，莊園反倒比產區更有名，像是以巴拿馬藝伎獲得極佳風評的翡翠莊園就是一例。甚至有些包裝會印有栽種和處理咖啡的各別生產者及／或合作社（一群共享資源的生產者）──除了列出資訊，還以處理廠、生產者、莊園為咖啡豆命名。例如：傻瓜咖啡烘焙室（Halfwit Coffee Roasters）的盧安達康佐（Rwanda Kanzu）就以產地及生產咖啡的康佐合作社為名。藍瓶咖啡的蒲隆地卡揚札黑扎（Burundi Kayanza Heza）就以產地、產區、處理廠為名。以及第 162 頁的例子中，該支單品咖啡豆就以產地（哥倫比亞）和生產者（艾德米拉‧卡瑪優）為名。

各家公司會使用不同的命名方法，而遵循這些慣例一部份是為了維持可追溯性，也就是手工咖啡的基石；另一部分則是向咖啡生產者和他們的產品致敬。一般來說，咖啡的可追蹤性越高，品質就越高，咖啡生產者拿到的酬勞應該也會越高。因為如果能夠追蹤咖啡的產地，就能對咖啡是如何栽種、採收、處理、挑選有所瞭解，也能知道貿易與販賣方式。投入前述環節的心力越多，咖啡的品質和價格通常也就越高。

不過，不同國家和產區的可追溯性不同，因為並不是所有地方都具備必要的基礎建設去維持咖啡的可追蹤性。像是某些地區處理廠有限，就會將鄰近莊園出產的咖啡豆集中處理，而有些咖啡甚至可能需要運送到處理廠。但是追蹤不到咖啡的莊園或生產者不代表品質就比較差──有些很棒的咖啡豆來源也難以追蹤。

品種

手工咖啡烘焙廠通常會將品種印在咖啡包裝袋上，單品咖啡更是如此。你可能會看到一種以上的品種，這是因為生產者往往會在同一塊地上種植不同種咖啡。此外，某些國家的生產者常常會將自家咖啡豆一起進行處理，所以同一袋咖啡裡會混有不同品種。但是一袋只有一個品種的也很常見，特別是如果咖啡豆有經過仔細挑選。有些咖啡豆產量稀少或者經過特別篩選，甚至會以品種為名，例如：知識份子咖啡的哥倫比亞聖徒阿里歐莊園愛情靈藥紅波旁（Santuario Colombia Red Bourbon）當中就包含了品種、莊園、產地的名稱。

說到某些品種，像是波旁、藝伎、SL34，大家會聯想到高品質，但我認為消費者不能只根據品種來推斷品質（雖說如果某款咖啡豆以品種為名，烘焙廠通常會認為這支豆子有獨到之處）。我在第三章討論過，每個咖啡品種可能會有其特點，但由於風土條件和烘焙方式會大幅影響風味，所以單看品種名稱無法得知太多資訊。

咖啡包裝袋上印有品種名稱，至少代表這些豆子受到仔細對待，同時具有可追溯性。不過，包裝上沒有列出品種資訊也不代表這包咖啡品質不佳。

海拔

許多咖啡包裝上會有咖啡生長的海拔（公尺或英尺），高品質的咖啡豆普遍在較高海拔的地區生長。咖啡研究室（Coffee Research Institute）表示，亞

熱帶地區最適合栽種咖啡的海拔大約介於 550 ～ 1,100 公尺間；要是產地靠近赤道，則理想海拔介於 1,000 ～ 2,000 公尺間，但要注意的是，不管海拔多高，咖啡樹都不能受到霜害。

高海拔地區的氣溫較為涼爽，一篇 2005 年發表在《烘豆》（Roast）雜誌的文章指出，專家發現海拔每上升 100 公尺，溫度就會下降攝氏 0.6 度（華氏 33.8 度）。在氣溫與氧氣濃度都較低的環境下，咖啡豆的成熟速度也會變慢，因為這樣的環境其實算是逆境。此時，咖啡樹的能量大多會用來產生種子，而不是生長葉片和枝幹，因此咖啡豆會比較扎實。此外，咖啡豆也有比較充足的時間發育，儲存營養──通常是糖分。專家表示，海拔每上升 300 公尺，咖啡豆產生的蔗糖（糖分）量就會上升 10%。這些糖分對於風味發展來說非常重要，特別是酸度。因此有許多高海拔地區生產的咖啡豆酸度較高，而這正是許多咖啡行家都很重視的特點。也有專家指出，山區的土壤品質較佳，且某些咖啡害蟲無法在這麼高的海拔生存。綜觀這些因素，產自高海拔地區的咖啡通常比較受歡迎。下圖粗略整理出海拔對於風味的影響。

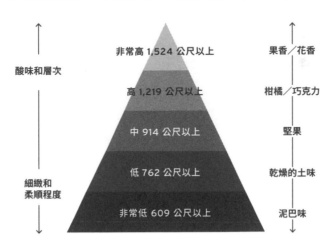

酸味和層次

非常高 1,524 公尺以上　　　果香／花香

高 1,219 公尺以上　　　柑橘／巧克力

中 914 公尺以上　　　堅果

低 762 公尺以上　　　乾燥的土味

細緻和柔順程度

非常低 609 公尺以上　　　泥巴味

如果烘焙廠將海拔資訊印在包裝袋上，就代表兩件事：（1）烘焙廠知道咖啡的來源；（2）海拔較高，咖啡豆品質就較佳。當然也有些例外，夏威夷可那的品質世界有目共睹，但卻在低海拔地區生長。較高的海拔也不能保證咖啡的品質。有許多糟糕的咖啡也都在海拔 1,500 公尺以上的地區生長。要是土壤品質不佳、天氣怪異、耕作方式拙劣，海拔也無力可回天。

海拔與高度

海拔與高度的科學概念截然不同。海拔是一物體與海平面的垂直距離，而高度則是一物體與地表之間的垂直距離。由於地表與海平面的距離變化極大，因此不適合用來比較咖啡樹生長的地方。某山脈高度500公尺的地方可能實際上遠高於另一個山脈高度500公尺的地方，端視該山脈「海拔」而異。不幸的是，大家普遍會混用海拔和高度。「高度」這個詞也常出現在手工咖啡的包裝袋上，但看到這個詞，我幾乎可以確定該處理廠指的是海拔，因為丈量高度沒有意義。而且如果單位是masl，就可確定該烘焙廠說的就是海拔，因為masl的意思就是「海平面以上幾公尺」（meters above sea level）。這種不準確的表達方式肆虐手工咖啡界，但我認為海拔和高度應該要予以區分，這點很重要。

處理法

許多烘焙廠也會在包裝袋上列出咖啡處理法的資訊，處理法是影響咖啡特性的關鍵因素（不同於產地），透過處理法便能夠想像咖啡的風味。既然我們

在第 141 頁已經討論過處理法，現在的重點會放在風味還有包裝上常出現的詞彙。

海拔與沖煮

高海拔地區生產的咖啡豆較扎實，因此你會發現豆子需要較長時間乾燥。遇到產自於極高海拔的咖啡豆，一樣用普通的沖煮方式就可以了。密度較高且較硬的咖啡豆要花比較久的時間萃取，因此放慢萃取速度應該就夠了。一樣，參考咖啡的風味再進行調整。另一方面，豆子產區海拔越低，萃取速度就越快。要是你每個方法都試過，而咖啡還是過萃的話，可以試試看降低水溫。

水洗／濕式處理

包裝上的「水洗」（washed）和「濕處理」（wet process）指的是一樣的事情。這是阿拉比卡咖啡豆最常見的處理法，在「豆帶」（Bean Belt）的區域很普遍。在咖啡包裝袋上經常能見到這個詞彙。水洗處理過的豆子風味一般會較「乾淨」，因此能夠品飲到多種風味和特性。許多手工咖啡烘焙廠偏好水洗處理法，因為它能充分展現產地特性，並且使豆子的酸度表現特別突出。水洗豆可以呈現的風味幾乎數不盡，因為風土條件對於風味的影響很大。要記得，水洗咖啡也需要乾燥才能販售，所以也蠻常看到烘焙廠在包裝袋上列出自家使用的乾燥方式加以解釋，例如「水泥乾燥」或「棚架乾燥」。

日曬／乾式處理

「日曬」和「乾式」兩種說法在咖啡界皆通用，所以你可能會在包裝上看到其中一種。不同於水洗處理法，日曬處理的咖啡通常會產生非常明顯的果香，聞起來像是藍莓或核果。幾乎每個人都可以分辨這種風味，而且第一次喝到時大多會感到非常驚艷。要是無法確定自己是否有能力分辨日曬與水洗咖啡，建議你可以找兩種豆子來比較一下。除了明顯的果香，日曬豆通常還有較飽滿的醇厚度（body），酸度也較水洗豆低。

日曬阿拉比卡在巴西、衣索比亞、葉門很常見。品質維持一致的日曬豆通常很受青睞，但咖啡界對於日曬豆還是褒貶不一，有些人認為日曬豆相較於水洗豆少了一些細微的差別和變化（但我不同意）。無論如何，日曬豆的評價似乎比較兩極——不是很愛，就是很討厭。

去果皮日曬／蜜處理

你可能已經猜到，這種處理法借用了一些水洗和日曬的技術。去果皮日曬處理法通常會讓豆子呈現水洗和日曬的特性。這種處理法多半可以讓豆子保有水洗的酸度，同時帶有日曬的潮濕泥土風味。各個生產者的作法可能都不同，因此去果皮日曬處理呈現的風味差異很大。

這不是最常見的處理法，但越來越多生產者開始測試不同的去果皮日曬處理技術。常使用去果皮日曬的產地包括發明此處理法的巴西，還有中美洲——當地稱作「蜜處理」。近來也出現一些新詞彙，像是紅蜜處理、黃蜜處理、黑蜜處理，指的是都是蜜處理，差別在於乾燥前殘留果肉的多寡。另外一個你可能會在包裝上看到的詞是「半水洗」，不同於去果皮日曬的地方在於半

水洗會去除部份果肉再進行乾燥。

烘焙

我已經談了很多關於烘焙的種種，而在選購咖啡豆時要記得一點的是，各家
烘焙常對於烘焙程度的描述幾乎沒有一定的標準可言。許多烘焙廠好像已經
屏棄商業或精品咖啡使用的傳統詞彙（城市、美式、維也納、法式等），可
能因為這些名稱定義模糊又主觀，而且也不好懂。手工咖啡界更常看到的是
描述顏色的詞彙（淺、中、中深、深），但還是沒有科學參數可以協助大家
瞭解這些詞彙的意思。很多手工咖啡烘焙廠甚至不會在包裝袋上提到焙度
（像是第 162 頁的例子），其實有許多人認為以「淺、中、深」來描述焙
度太過簡化，因為烘豆師是運用時間和溫度達到某種烘焙曲線，此烘焙曲線
不一定與咖啡豆的顏色有關。也就是說，兩支棕色的豆子色度看起來一模一
樣，風味卻可能相差十萬八千里。

然而，這樣（不足）的資訊對你而言也沒什麼幫助。多數的人仍會以此為標
準，推斷手工咖啡烘焙廠的咖啡豆通常是淺中焙。經驗法則顯示，焙度越淺，
咖啡豆呈現的風味越豐富；焙度越深，烘焙呈現的風味越充足。雖然咖啡豆
的顏色不一定與風味有關，但從這些敘述中仍可對咖啡某些特質略知一二。

當你有疑問時，可以到風評良好的咖啡館與烘豆師或咖啡師討論，他們能夠詳細描述咖啡的特性。要是住家附近沒有幾家手工咖啡店，你也可以上網尋找烘焙廠，他們的網站上多半會提供鉅細彌遺的資訊。再不然也可以留意包裝袋上的風味描述（請見第 162 頁），去推測咖啡大概會呈現怎樣的風味，而不是光靠咖啡豆的顏色判斷。

最後也要記得，某些精品咖啡連鎖大廠會使用與眾不同的詞彙，像是「黃金烘焙」就跟業界說的「淺焙」完全不同──這又只是一個（極端的）例子，證明烘焙顏色還有程度的定義很主觀。

烘焙日期

我必須強調，優質咖啡豆的包裝上都應該印有烘焙日期，才能判定咖啡是否新鮮，或是放在架上許久而已經走味。我再重申一次：咖啡非常容易受到影響，風味無法保存很久，就算是未研磨的咖啡豆也一樣。業界專家表示，咖啡不一定要在烘焙後馬上沖煮，而是需要時間排放二氧化碳，否則喝起來會苦。養豆時間要多久呢？有些人說 24 小時，有些認為要 48 小時，也有人說要至少一週，也有一派認為排氣是迷思。就跟其他相關因素一樣，排氣時間取決於咖啡豆本身，不同的咖啡豆（不同的焙度）都各有最佳賞味時期。有些人說淺焙需要的排氣時間較長。

烘焙定義

焙度	特點
淺	• 口感輕盈 • 帶有種子、麥芽、穀物、青草、玉米的風味
淺中	• 酸度明亮 • 層次較多 • 產地風格明顯 • 帶有水果、堅果、黑糖、辛香料的風味
中	• 酸甜平衡 • 醇厚飽滿 • 產地風格明顯 • 帶有焦糖、蜂蜜、焦化奶油、煮熟的蔬果、李子、煮熟的蘋果、深色辛香料，如黑胡椒和丁香等風味
中深	• 些許苦甜 • 些微輕柔酸度 • 口感可能較為厚實 • 帶有菸草、香草、波本威士忌、波特酒、啤酒、燉肉、煙燻水果的風味
深	• 明顯苦甜 • 輕柔酸度 • 口感輕盈 • 帶有燃燒過的菸草、黑巧克力、苦澀紅茶、炭烤蔬菜、炭烤土司的風味
極深	• 強勁苦／苦甜調性 • 口感輕盈 • 無產地風格 • 帶有雪茄、煙燻肉品、煙燻液、醬油、魚露、烤焦吐司的風味
超深	• 強勁焦苦調 • 除煙燻、灰燼、阿斯匹靈外，無其他風味

安德列和我認為未研磨咖啡豆最佳賞味時期是烘焙後 7-10 天，而在烘焙後 21 天內你都能夠在家沖煮出很棒的風味。再放久一點，風味品質就會走下坡，但也不是說咖啡放 21 天後就會壞掉或產生毒性，就只是風味沒那麼豐富，就像是沒有氣的碳酸飲料一樣。要判斷咖啡新不新鮮，可以在沖煮時注意悶蒸的情形（見第 41 頁）。咖啡會在悶蒸時釋放二氧化碳，所以要是注水時沒有什麼氣泡，或是完全沒有氣泡，可能就是豆子已經不新鮮了。

購買咖啡時可以遵守一個原則，就是一次只買一週喝得完的份量。如果是要送禮，咖啡也不會馬上喝，就可以買烘焙日期最近的豆子（或購買禮品卡）。若是直接向烘焙廠購買，就應該遵照他們的建議，因為他們最清楚豆子的狀態。有些烘焙廠會在包裝上印最佳賞味期限，對於在超市販賣的咖啡豆，這點就非常重要。但我不是很喜歡這種做法，因為最佳賞味期限不顯示烘焙時間，也無法知道烘焙廠使用哪種標準訂定最佳賞味期限。最安全的做法就是選購標有烘焙日期的咖啡豆，與烘焙日期最近的豆子。

風味調性

風味調性是指在咖啡中品飲到的風味，像是焦糖或梨子。這些描述看起來很不真實，特別是你煮了一杯咖啡，但喝不到那些風味時，就會覺得受到欺騙。這樣的經驗會讓業餘玩家覺得自己一竅不通，以為沖煮時犯了錯，無法理解咖啡專家說的話。

但要釐清一點：你可能會辨認出一種風味，特別是風味很明顯的時候，但也可能喝不出來，這不一定代表你犯了錯。風味調性是烘豆師自己品飲咖啡時

喝到的風味，取決於烘豆師的味覺，並沒有統一標準。我們討論過，咖啡會受到許多外部因素影響，包括水質。這些外部因素或許不會讓你煮的咖啡不好喝，但也可能因此而無法品飲到某些風味。

此外，味道絕對是主觀的感受，風味描述也是如此。一個人喝到的「杏仁」風味，在另外一個人嚐起來可能會是「腰果」。雙方如果對杏仁的風味描述分歧，就會產生一點語言障礙：或許這個風味只能用「堅果」概括描述，否則無法讓每個人理解。而且人們只能分別出自己熟悉的風味，導致這個情形更加明顯（如果你沒吃過杏仁，那就絕對無法喝到咖啡的杏仁風味）。烘豆師與咖啡師的味覺經過訓練，每天都會練習。除非你也以味覺維生，否則味覺很難跟專業咖啡工作者比較，但如果你勤加練習，當然又是另外一回事了（見第五章）。

另外值得一提的是，就算你可以分辨出包裝上列出的所有風味，咖啡也不會真的完全符合那些描述，因為咖啡風味十分細緻。有一次我的衣索比亞喝起來真的就像是液態的藍莓馬芬，不過咖啡的風味往往更細微，而且一定會帶苦味。

換句話說，當你在家沖煮時，不用努力重現包裝袋上的風味，而是把風味描述當作參考，讓它指引你認識更廣泛的咖啡風味，像是潮濕泥土味、果香、花香、甜感。如果確定自己不喜歡帶果香的咖啡，看到咖啡包裝上寫著核果等風味，就敬而遠之；如果想喝喝帶有甜感的咖啡，可以試試看「牛奶巧克力」或「牛軋糖」等風味。

我想強調，風味調性不是毫無用處，通常可以讓你更瞭解咖啡的風味，參考

價值比焙度還來得高，所以我建議不該忽略它。不過從消費者角度來看，確實有很多烘焙廠並沒有認真跟我們溝通，談到風味時更是如此。咖啡包裝袋上的資訊偏向技術層面——這確實也合理，因為許多烘焙廠是透過咖啡店將豆子批發給其他專業咖啡業者。但越來越多消費者喜歡自己購買咖啡豆在家沖煮咖啡，所以咖啡包裝袋上的語言就應該要更平易近人，描述風味調性時也應該使用更通用的語言。

有些烘焙廠已經重新檢視該如何更有效率地用包裝跟消費者溝通，例如聖路易的藍印咖啡（Blueprint Coffee）就使用容易理解的圖表協助消費者瞭解咖啡的醇厚度、甜感、亮度（酸度）。

認證

咖啡跟許多產品一樣，包裝袋上通常都有認證。有些認證有意義，有些則可能沒有。我要開門見山的說，不要因為咖啡沒有認證就不買，也不要為了認證而買。瞭解咖啡最好的方法就是跟烘豆師或咖啡師討論。我鼓勵大家自己研究一下認證，以下是一些基本資訊：

- **美國農業部有機認證。**代表咖啡豆生產過程符合美國農業部的國家有機計畫（National Organic Program），也代表生產者能夠負擔認證相關費用。獲得認證不代表栽種過程中沒有使用合成物質，也不代表沒有美國農業部有機標章的咖啡就不是有機產品。有許多咖啡生產者已經習慣或因現實考量（化學物質很昂貴）而採行有機農法，但可能沒有多餘的經費可以把標章印在包裝上。烘焙廠應該要能夠提供最佳資訊，解說咖

啡來源和栽種方式。

- **公平貿易認證。**這可能是咖啡最常見的認證，也是協助許多消費者進行購買決策的認證。公平貿易最初的目標是幫助咖啡小農在在高度競爭的市場中存活。咖啡包裝上有公平貿易標章，就代表咖啡是用公允市場價值向生產者購買的。要以公平價格售出咖啡，咖啡生產者就必須遵守特定環境、道德、社會標準，但不需要以有機農法種植。美國公平貿易組織（Fair Trade USA）在 2012 年與國際公平貿易標籤組織（Fairtrade Labelling Organizations International）分家。近年美國公平貿易組織因諸多原因而受到非議，其中之一是該組織開始替大集團進行認證，看起來背離此認證幫助小農的初衷。另外，美國公平貿易咖啡最低價格與一般的商業豆相比高不了多少，且價格在過去二十多年間沒有什麼成長，因此有人對公平貿易價格的公平性抱持懷疑。此外，也有人質疑生產者是否真的可以拿到額外利潤，而未受腐敗體制的層層剝削，畢竟交易時監督程度並不高。先前提過，透明化是手工咖啡運動的重點之一，因此許多手工咖啡烘焙廠會直接跳過公平貿易的繁文褥節，直接跟生產者進行交易。透過這種方式，烘焙廠支付公平的價格，又可與生產者建立關係，但他們的咖啡包裝上就不會有公平貿易標章。不要因為沒有公平貿易標章就不買咖啡，跟烘豆師討論一下！

- **鳥類友善認證。**這個認證由史密森尼候鳥中心（Smithsonian Migratory Bird Center）發起，跟遮蔭式栽種（Shade-grown coffee）有關。要取得這項認證，咖啡莊園的樹蔭比例、樹高、樹種多樣性須達一定標準，而且一定要得到有機認證。鳥類跟咖啡有什麼關係？為了種植咖啡而砍伐森林的情況不少見，候鳥的棲地因此減少，而候鳥又跟棲地的生態系

統息息相關。在咖啡田維持當地遮蔭樹的族群，可提供安全的避難所給候鳥，也可以減少水資源浪費、維持土壤健康、生產更多美味的咖啡。沒錯，撇開鳥類不談，蔭下栽種的咖啡也因為品質良好而廣受好評，就跟高海拔栽種一樣，蔭下栽種可減緩咖啡成熟的速度，提升咖啡豆中糖類等營養物質。這個認證確實可嘉可獎，特別是所得資金會提供給候鳥研究。但是，有些咖啡莊園雖然沒有貼上標章，生產的咖啡豆卻有符合蔭下栽種與有機的條件。

- **雨林聯盟認證。** 這個認證由雨林聯盟（Rainforest Alliance）發起，內容關連到環境、生態、勞工標準，但其中不涵蓋蔭下種植或有機要求。與其他認證不同，生產者的咖啡豆只有要有 30% 符合標準，就可以把雨林聯盟認證標章印在包裝上，而標章上會顯示符合標準的咖啡豆比例。

值得注意的是，咖啡生產者往往能夠因為認證標章而協商出較高的價格，協商帶來的價值不容小覷，因為生產者通常住在較貧窮的國家，如此可以確保他們以較佳的價格售出咖啡，以維持生計。咖啡栽種的道德一直受到忽視，但這絕對是個需要關注的議題。我想表達的重點是，咖啡生產和購買的各個環節究竟符不符合道德標準，很難從包裝上的資訊得知。

如果你在乎咖啡生長和銷售的方式，除了只參考認證以外，還有更好的做法，就是購買直接貿易咖啡，或向烘焙廠詢問他們採購咖啡的方式。「直接貿易」意思是烘焙廠直接跟有合作關係的生產者購買咖啡豆，烘焙廠可能會支付發展金給莊園。如果咖啡豆是以直接貿易的方式取得，烘焙廠就能告訴你豆子的產地與栽種方式。不過直接貿易並不一定適用於所有的烘焙廠，因為這樣子的貿易方式需要時間和技巧，以安排貨運物流。也因此有許多烘焙

廠轉而依靠理念相近的進口商，協助他們採購咖啡。其實多虧這些進口商，許多小型烘焙廠才得以存活。進口商投入了許多時間和資源，與生產者建立長期關係，有些進口商甚至會協助生產者提高咖啡品質，當然還會向消費者行銷。這節主要在表達什麼呢？直接貿易通常是很好的做法，但並不代表進口商都是搶錢的仲介，他們也是咖啡產業中重要的一員，在意道德議題的業餘玩家也可以瞭解一下進口商的背景。

存放

要讓新買來的咖啡豆發揮最佳表現，一定要妥善保存。最好購買未研磨的新鮮咖啡豆，就和購買辛香料的概念一樣。辛香料使用前通常會經過烘烤，但烘烤過的辛香料容易走味，因此不建議長期保存。咖啡其實也算是烘烤過的辛香料，風味消散的速度甚至比多數香料還快，所以我才建議一次只買一週可以喝完的量。

許多咖啡界的人會建議把咖啡當作辛香料保存，放在氣密的容器中，存放在陰涼乾燥的地方。空氣、高溫、光照、水氣都會加速咖啡走味。安德列跟我在家發現，咖啡可以直接放在原本的包裝袋中保存，只要我們在使用後把袋中的空氣盡量擠出，就不會有問題。許多人會把咖啡豆倒入瓶子中，但我還是比較喜歡用袋子，因為你無法把空氣從罐子中擠出，而且袋子也不會透光，所以不會讓豆子暴露在光下。多數包裝袋也有單向排氣閥，這種有效的小裝置可以大幅提升熟豆的保存時間。

你可能覺得，咖啡放在廚房應該不會受潮。其實不一定，切勿讓咖啡接觸到

水或蒸氣（想想看火爐、電熱水壺、暖爐、沖煮器具、加濕器、洗碗機、敞開的窗戶等）。在某些氣候當中，濕度也會是一個問題。

有人說要把咖啡放在冰箱中保存，才能夠保鮮。這個建議非常糟糕，冰箱的溫度不夠低，保鮮功能不會比櫥櫃好，而且還有更大的風險：可怕的味道。咖啡豆就跟海綿一樣，會吸收各種味道，而冰箱經常容易有不好的氣味，千萬別冒險。

至於把咖啡豆放在冷凍庫，這個做法褒貶不一。有些人認為這樣對於延長咖啡壽命沒有幫助，而有些人堅信放在真空且極低溫的環境可以保鮮（對於業餘玩家來說不實際）。若干研究顯示，即時冷凍新鮮咖啡，確實可延長咖啡壽命，有些人說保鮮期長達八週，所以值得一試。安德列和我之前隨意把咖啡放在冷凍庫，想看看會發生什麼事。結論是我還是不太相信冷凍可以延長咖啡的保鮮期（冷凍一段時間的咖啡風味的確讓我們大為驚艷，但我覺得主要是因為咖啡本身很健康），但可以確定冷凍不會對咖啡風味造成不良影響。也有研究顯示，咖啡豆冷凍後能夠研磨得更均勻，萃取品質會較佳。這點比較能說服我們，關於冷凍過的咖啡風味較美好一說，比起歸功於新鮮度，更有可能是因為研磨萃取較為均勻的關係。

第五章

風味

人們對咖啡的熱愛就像一張光譜——記得這一點。光譜上的某條譜線，彷彿宣示著你值得追求分析咖啡風味的能力。而在那條譜線的正上方，卻有一團愁雲慘霧，它的陰影籠罩了光譜。令那條譜線兩邊的人們感到苦惱不已。

目前我們知道的是，經過正常烘焙的熟豆裡含有大約 900～1000 種科學認證的風味產生分子，而它們之間的各種組合，又能產生近乎無限種的結果。一般的咖啡飲用者可能無法立即辨識出這些風味，咖啡喝起來就是咖啡而已。但是當你喝到喜歡的味道，你馬上就會知道，好似被人重擊了一下。一個人喜歡什麼味道是不需要任何原因的。

一旦你喝了夠多不同類型的咖啡，你可能會在無意間開始能夠辨認每支咖啡的不同。你無須做功課，也不用具備侍酒師或是科學家的技巧。人類的味覺和嗅覺十分細膩，百萬年以來的進化使得人類可以在數種味道和觸感之間做出區別。你嚐的越多，味蕾就會自然變得越敏銳，也就更知道自己想要什麼、不想要什麼。到頭來你就會發現，這就是最重要的事。

如果你有興趣知道要如何根據個人喜好去改善沖煮（或是如何挑選到一包喜歡的豆子），那麼對咖啡味道的成因有基礎認識的話會有所幫助。基本的味覺有五種：酸甜苦鹹鮮。後面兩種通常不太會在咖啡裡出現。在這個章節裡，我主要會討論前面三種，也會提及觸覺和嗅覺，解釋風味大致上如何互相影響，並為想要改善咖啡品飲味蕾的你提供一些提示。

酸與（感受到的）酸質

當咖啡與酸相提並論時，經常受到誤解。你想到的可能是過酸的、尖銳的、強烈的，相對令人較不愉悅的，就像純檸檬汁一樣。但是在咖啡的世界裡，酸質通常是一種能夠滿足人們期待的特徵。一杯均衡的好咖啡，酸質的存在會讓你覺得喝一口咖啡就像咬一口蘋果——果汁般的、既明亮又活潑、既鮮脆又清爽。咖啡專家使用這些形容詞去形容一杯咖啡裡超過 30 多種不同酸質所帶來的細微風味和感受。咖啡裡的酸質說起來有點抽象，但是事實上，你真的在品飲的，是你「感受到」的酸，因為通常我們說的不是酸鹼值（pH）。這就是為什麼，講到咖啡裡的酸質時，你會聽到很多充滿詩意的形容詞。

究竟（化學裡）不同的酸會如何影響咖啡的風味？雖然目前科學還沒有完整的解答，但是至少我們知道並不是所有的酸嚐起來都是好的（而且並非所有的酸都會讓你實際感受到酸味），必須靠不同的酸和其他風味化合物之間交互作用與平衡，才能達到一杯好喝的咖啡。總而言之，酸質與感受到的甜感（見第 186 頁）之間相互作用，酸甜的存在可以讓一杯咖啡喝起來不會平淡

品飲提示

很難分辨出你咖啡裡的酸嗎？不是只有你這樣！試著品飲你確定有酸味的東西，像是檸檬。仔細感受口腔裡哪些地方有反應？如何反應？接著再喝一些咖啡，對比一下口腔裡是否有相同的感受。另外，在將咖啡吞下去之前，先喝一小口含在嘴巴裡，動動舌頭，也會幫助你去感受。雖然每個人的感覺不一樣，但是對我來說，咖啡裡的酸感覺就像是舌尖上微微一顫，兩頰生津，和我喝柳橙汁的感受一樣。

無聊。

試著以自製沙拉醬來想像就可以理解——用適當比例調和後的檸檬汁和橄欖油會比單吃其一好多了。以下是咖啡裡含有的一些重要酸質，以及專家們認為它們對風味的影響：

- **綠原酸**：熟豆裡大部分的有機酸都是由綠原酸構成（綠原酸其實是幾種酸組合起來的名詞，並非指單一種酸）。你所感受到的酸質，大部分都是來自於這些酸——一種令人感到愉悅且突出的品質。咖啡烘焙越久，綠原酸就被破壞得越多，這就是為什麼比起烘焙時間較長的豆子，人們會覺得烘焙時間較短的熟豆比較「明亮」。

- **檸檬酸**：這是熟豆裡其次常見的酸，來自咖啡樹本身，而非烘焙過程中產生（烘焙反而會使其減少）。咖啡裡的檸檬酸與柑橘類水果裡的檸檬酸一樣。你大概已經猜到，它嚐起來會讓人聯想到柑橘的風味調性，像是柳橙和檸檬，甚至含有磷酸的時候還會嚐到葡萄柚。檸檬酸也會影響一杯咖啡裡能感受到的酸質，如果濃度太高，可能會讓咖啡喝起來過酸，令人不悅。

- **蘋果酸**：據說這個又甜又清脆的酸會讓咖啡呈現帶核水果的風味（像是水蜜桃和李子）、以及西洋梨和蘋果的調性。事實上，蘋果裡就含有高濃度的蘋果酸，所以有些咖啡飲用者會覺得這種酸味十分熟悉，而相對容易將它和其他的酸區分開來。

- **奎寧酸**：奎寧酸由綠原酸在烘焙的過程中降解而來，所以比起較淺的熟豆，

在較深烘焙的豆子裡會存在較高濃度的奎寧酸。這種酸為咖啡帶來醇厚度和感受到的苦味，也會產生澀感。如果咖啡放置太久，奎寧酸會繼續生成，這就是為什麼當咖啡在爐上放幾個小時（別這麼做），喝起來較苦。過期的咖啡也比新鮮的咖啡奎寧酸含量更高。

- **咖啡酸**：咖啡酸也是由綠原酸降解而來（與咖啡因無關），在咖啡裡的含量很低，人們認為它會帶來澀感。

- **磷酸**：磷酸是一種無機酸，比起其他的酸，嚐起來的感受多半較甜。當磷酸和強烈的柑橘風味湊在一起，能夠軟化那些風味，讓整體嚐起來像葡萄柚或是芒果。它也會為咖啡帶來可樂的風味，並提升整體的酸質感受。

- **醋酸（乙酸）**：醋酸是醋裡面主要的酸，如果濃度太高，會為咖啡帶來令人不悅、過度發酵的味道。但是如果適量均衡，據說會帶來萊姆的調性以及甜感。生豆中醋酸的濃度會在較短的烘焙過程中提高 25%，隨著烘焙持續進行便會開始下降。

在高海拔、礦物質豐富，或火山土壤等環境下種植的咖啡通常會含有較高的酸質感受。此外，水洗的豆子通常會比日曬來的酸，這或許是因為日曬的豆子通常醇厚度較高，而醇厚度通常會削弱酸質感受。

有些人覺得咖啡傷胃，害他們胃食道逆流。要知道，咖啡並非真的那麼酸，無論一杯咖啡裡有哪幾種酸，咖啡的酸鹼值通常落在 pH5 左右。從其他觀點來看，純水的 pH 值是 7（中性）、唾液是 6，而柳橙汁是 3。不過，的

確有證據顯示咖啡中的綠原酸會增加飲用者的胃酸，進而引發胃食道逆流。根據 2005 年《烘豆》雜誌的一篇文章，200 毫克的綠原酸就能增加胃酸（一杯咖啡裡綠原酸的含量大約 15 ～ 325 毫克）。有些朋友和我分享他們的個人經驗，認為淺焙的咖啡比深焙更容易影響他們的胃，這也提供了此論點一些支持。

與酸的愛恨情愁

酸質是許多手工咖啡達人讚賞的特點。要說咖啡專家比起一般大眾更喜歡酸質強烈的咖啡也不為過。咖啡師形容為「均衡」的咖啡，對你來說可能會有一股你不喜歡的酸味。我個人也喜歡帶一些酸質的咖啡，而我認為那是需要經過培養才會愛上的味道，所以你不需要因為無法接受酸質而覺得格格不入。許多咖啡喝起來也都不帶明顯酸味，像是日曬豆或是低海拔的豆子。如果你不喜歡酸，就找風味描述與巧克力、焦糖、花香有關的，不要找水果相關的風味，尤其是柑橘類。

（感受到的）甜感

說到咖啡，甜味好像是個有違常理的概念。咖啡就客觀而言是苦的，不然就不會有那麼多人平常要在咖啡裡加糖。但是咖啡包裝上卻經常出現一些聽起來甜甜的風味描述，像是巧克力、草莓、焦糖等。然而，咖啡入口中的甜味講的並非添加其中的糖，甚至也不是指一些豆子裡自然含有的蔗糖。包裝袋上風味描述寫著巧克力，並不表示咖啡裡面加了巧克力，而是表示熟豆裡的風味分子組成會在你的舌頭上留下類似巧克力風味的印象。

先前提過，阿拉比卡生豆含有一定程度的糖分（不是白砂糖，而是蔗糖和葡萄糖等化合物），但是比起其他成分，糖的比例還是較少，而且在烘焙過程中會不斷遭到破壞。所以咖啡絕對是偏苦的，永遠不會像熱巧克力一樣甜。然而，我們之所以會感受到咖啡中淡淡的甜感，是由於其風味化合物的平衡。甜感也能為咖啡風味增添定義，比方說，甜感能讓咖啡中模糊的酸質成為乾淨的紅蘋果風味。

就像其他許多尚未有明確答案的咖啡研究一樣，人們仍在尋找咖啡的甜味調性究竟如何產生。有人認為是帶有甜香的香氣物質、烘焙帶來的一些焦糖，以及在豆子裡天然的糖分，成就了咖啡的甜感。也有人覺得咖啡裡可以察覺的甜感多半來自風味化合物，聞到的時候會讓我們想起甜甜的食物（例如草莓）。另外有人則認為較厚重的口感可以加強或是帶來甜感。

對於初學品飲的人來說，甜感會有點難以理解。它真的很微妙，但是品飲過越多咖啡，要找出甜感就會變得越簡單。

苦

咖啡本來就會苦，許多人認為咖啡中令人不悅的味道，或是某杯咖啡特別不好喝，理由通常就是來自苦味。我自己的經驗是，通常人們說一杯咖啡太苦的時候，他們其實真正是覺得咖啡太酸，或是咖啡讓他們的口腔變得乾澀，令人毫無食慾。但是那都不是苦味的錯。

當然，人類的舌頭天生就對苦味非常敏感（也許是出於自我防禦，許多有毒

物質都是苦的），所以某種程度上可以理解苦味為什麼會被妖魔化。其實苦味在定義上就帶有不悅的特質，不論是單一的苦味或混雜的苦味皆如此。但是與其他風味元素一起合作時，苦味卻可以讓咖啡變得立體、增添其複雜度。苦味也能平衡酸感，一杯風味平衡的咖啡，苦味是必要的元素。其中幾種為咖啡帶來苦味的元素包括：

- 奎寧酸（見第 184 頁）
- 葫蘆巴鹼，一種帶苦植物裡的生物鹼
- 喃甲醇
- 咖啡因
- 二氧化碳（見第 15 頁）

長時間烘焙的咖啡比起短時間烘焙的咖啡帶有更多苦味。其中大部分原因是由於奎寧酸會隨著烘焙時間持續產生。除此之外，烘焙時間相對較短的咖啡可溶解固體較少（酸味和香氣則較多），因此相對不苦。

雖然許多苦味化合物需要的萃取時間比酸甜分子需要的時間長，但是因為苦味對我們的感官有極大的影響力，所以只要一不小心苦味分子就會很快地成為杯中的主軸調性。也就是說，苦味也是過萃的一個特徵。另外切記，不管其他任何理由，羅布斯塔的豆子就是會比阿拉比卡的豆子苦。

口感

很多人覺得口感一詞太咬文嚼字，我卻認為很實際，因為它就是咖啡在你口

腔裡的感覺，除了這個詞彙別無他選。咖啡喝起來有任何感覺嗎？當然有！它有重量、質地、黏性。口感並不是五感之一，但是它卻會影響一杯咖啡給你的體驗，甚至還會影響某些風味的表現。理解口感的一種方式就是將它拆成三方面來看：醇厚度、油脂感、澀感。

醇厚度

技術上來說醇厚度是濃度的一種表現（見第 18 頁），如果你還記得，濃度的界定是由杯中的可溶咖啡固體總含量（TDCS）而來。很濃的咖啡讓人感到厚重或混濁，在你的舌頭上留下一層薄膜感。淡的咖啡喝起來幾乎就像水，很稀薄，在舌頭上幾乎不會留下什麼感覺。假如在沖煮過程中沒有仔細過濾，像是細粉那樣的不可溶粒子也會影響醇厚度，讓咖啡更厚重。有些人會用牛奶去形容醇厚度，因為一般人對牛奶更熟悉：全脂牛奶就像是醇厚度厚重濃郁的咖啡，而脫脂牛奶則像是醇厚度輕盈、較稀薄的咖啡。

在形容醇厚度的時候，「厚」和「薄」的形容詞給人負面的聯想──都意指沖煮過程中有什麼環節不對。專家們通常會用這兩個詞形容醇厚度：「重」和「輕」。別分神了，「重」和「輕」聽起來好像跟「厚」和「薄」半斤八兩，但是在形容醇厚度的時候，兩種用語彼此之間有著絕對的優劣關係。

產地和處理法會大幅影響一杯咖啡的醇厚度，不同的咖啡天生就會有不同的醇厚度。比方說，蘇門答臘的咖啡醇厚度較重，墨西哥的咖啡則較為輕盈。日曬的咖啡（見第 142 頁）醇厚度會比水洗的咖啡來得多。根據不同的咖啡，醇厚度不論輕、重，或是介於兩者之間都能夠是令人愉悅的風味，這也是為什麼咖啡專家須以較中性的方式分析豆子──專家會依據對豆子本身的期望

去判定其醇厚度，而不是將同一標準套用在所有豆子上。也就是說，如果日曬的豆子喝起來醇厚度輕盈，可能就會被評斷為有瑕疵，因為人們期望日曬的豆子有著較高的醇厚度。

根據一些專家所言，醇厚度另一項潛在的優勢在於它可以影響我們對風味的感受。比方說，醇厚度可能會為咖啡帶來一點甜感。同樣地，醇厚度還能均衡酸質。我會建議你嘗試不同的咖啡以及不同的沖煮方式，去找出你喜歡哪種醇厚度。有個簡單的方法可以測試你的喜好：比較法式濾壓壺和手沖的咖啡。法式濾壓壺會有較高的醇厚度，因為這個手法並沒有使用濾紙將咖啡裡的細粉移除。

濾紙如何影響醇厚度

測量濃度的時候，我們只會測量咖啡中的可溶固體物質，而非我們先前提到的不可溶固體物質，但是這兩者都會影響醇厚度。這表示，一杯由濾紙沖出來的咖啡（將不可溶固體物質過濾掉）和一杯由金屬濾網沖出來的咖啡（許多不可溶固體物質未被過濾），兩者的濃度可能是一樣的，但是金屬濾網沖出來的咖啡因為含有較多的不可溶固體物質，所以醇厚度較高。

油脂感

脂質（脂肪、油脂、蠟）會影響咖啡在舌頭上的感覺。一杯沖好的咖啡裡面所含的脂質量，與生豆本身的脂質量有直接關係。阿拉比卡豆比起羅布斯塔豆，脂質多了 60%。咖啡裡的脂質和其他化合物不同，烘焙前後幾乎沒有變

化。不過，咖啡豆裡許多油脂被鎖在堅固的細胞壁裡，細胞壁在烘焙過程中破裂後，油脂才能釋放出來，使得豆子表面看起來閃閃發亮。

就我的經驗，豆表的油光並不代表咖啡本身會富含油脂，真正有影響力的還是你所使用的濾器（見第 52 頁）。濾紙將大部分的咖啡油脂過濾，所以最後杯子裡剩下的油脂不多。濾布也會過濾很多油脂，但是沒有濾紙多。金屬濾網則可讓大部分的油脂通過。咖啡裡的油脂越高，品飲時舌頭上的感受就越厚重，並且帶有「奶油般地」質地。

澀感

澀感用來形容口腔裡的乾燥或收斂感。許多人會將這個感覺與苦味混淆，但是兩者其實不同。事實上，當你感到澀感，是某些分子正緊抓著你的舌頭而產生一種乾燥的感覺。你可能對紅酒和茶裡的澀感比較熟悉，那是由一種叫做多酚（丹寧是存在於茶和紅酒中較為人知的多酚）的成分產生的。咖啡也含有多酚，也因此可能造成澀感。兩種在咖啡裡常與澀感連結起來的多酚是綠原酸（見第 184 頁）與二咖啡奎寧酸。咖啡因也是原因之一。咖啡若有太多澀感會造成令人不悅的風味，而且可能是過萃的表現。

香氣

啊，剛沖好的咖啡太香了！獨特而令人傾心！就算是不喜歡喝咖啡的人，也通常都會喜歡它那溫暖、舒服的香氣。香氣與味覺互補，因此對咖啡的風味非常重要，沒有香氣，你就感受不到風味。任何鼻塞的人都能證明，我們的

嗅覺和味覺息息相關，這表示香氣在一杯咖啡的特色裡扮演重要的角色。

香氣不只是當你彎腰對著熱騰騰的咖啡深深吸一口氣時聞到的而已。鼻後嗅覺（在口腔裡的嗅覺）對於品飲咖啡風味（或任何風味）非常重要。鼻子阻塞會阻礙這種嗅覺，這就是為什麼感冒時東西吃起來總是食之無味。每當你喝一口咖啡，數以百計的揮發性香氣物質便在你的嘴裡跳來跳去，往你的喉嚨、鼻

> ### 鼻後嗅覺動作
>
> 更好地了解鼻後嗅覺如何工作的一種有趣方法是，在吞嚥咖啡後有目的地通過鼻子呼氣，然後將自己的味道與吸入後的味道進行比較。差異應該非常明顯。

腔衝去，接著等你的嗅覺系統察覺了這些香氣，再加上味覺、口感，你的腦部就會開始認知，然後將這些風味記錄下來。

你可能會發現，咖啡專家在品飲咖啡時常用啜吸的方式。這是為了讓咖啡充滿空氣，讓味蕾能一次感受到，並讓鼻子很快速地嗅聞到。（如果沒有啜吸，咖啡會先碰撞到舌尖，然後吞嚥過程中再往舌根跑。）你有必要啜吸嗎？可能不需要，但是試試也無妨！

專業的咖啡師在訓練時必須在各個階段察覺咖啡香氣的細微差異——從新鮮研磨的咖啡到吞嚥後的咖啡。安德列在訓練員工和批發客戶時，會使用一個名為「咖啡 36 味瓶」（Le Nez du Café）的產品，裡面含有 36 種沒有標出名字的不同香氣瓶，都是普遍存在咖啡中的香氣。使用方式是嗅聞每一個香瓶後，嘗試辨識其香氣。目標是讓接受訓練者接觸咖啡常見的香氣，透過訓練讓鼻子能夠認出那些香氣。為什麼？因為如果你從來沒有聞過或嚐過咖啡

裡的某種味道，那麼要平白找出它們實在是非常困難。我試過咖啡 36 味瓶，只能正確地辨認出幾種香氣，那些也都是些我平時常接觸到的味道。

香氣由揮發性香氣物質界定，而人們已經在咖啡裡找出超過 800 種香氣物質。雖然並非所有香氣物質都與咖啡獨特的香味有關，但是還是有幾個較廣泛的分類，可以幫助你了解咖啡的風味究竟從何而來：

- **酵素風味**：這些香氣從咖啡樹本身而來，常被描述為花香調、水果調，或香草調性。咖啡本來就是水果的種子，擁有這些特性也相當說得通。

- **焦化風味**：焦化香氣從梅納反應（見第 144 頁）和焦糖化反應而來，兩者都是在烘焙過程中發生的。美味出爐的麵包香，也是這些反應的產物。這些香氣大多甜甜的，通常會被形容為堅果調性、焦糖般地、巧克力、麥芽般地，而且這些風味會為咖啡帶來甜感。

- **乾餾風味**：如果咖啡豆在烘焙過程中處理得太久，豆身某些部分可能會開始燒焦。與這個燒焦有關的香氣通常會被形容成木質、丁香、胡椒或菸草。無庸置疑地，烘焙得越久，這些香氣就會越明顯。

咖啡豆種植、處理、烘焙的方式都會影響豆子在杯中的香味，那些排列組合沒有所謂的對或錯。不過，我想強調的是咖啡香氣分子「揮發」的天性：它們在室溫裡會很快地消失，這是咖啡風味會快速衰敗的主要原因。

如何評估風味

風味是味覺和嗅覺的結合，這兩種感官相互依存，要從味覺中將嗅覺區分出來，或是將嗅覺從味覺中區分出來，可能都不是太容易。咖啡之所以美妙的原因之一，就在於那一顆小小的種子，在不同品種中的風味竟有著如此的深度與廣度。大部分咖啡愛好者對於令他們驚艷的第一口咖啡，記憶都相當深刻。那是每一個咖啡人獨一無二的難忘時刻。對安德列而言，那是發生在 2010 年，當他在一間美國中西部連鎖咖啡店工作時，他品飲到店裡其中一項特別款的豆子：喝起來完全就是「船長莓果味穀物麥片」（Cap' n Crunch Crunch Berries）的味道。對我們許多人來說，這樣的經驗使得我們無法自拔地想要重現那辨認出味道的一瞬間。但是，咖啡裡許多風味是如此的撲朔迷離，甚至讓一些朋友開始懷疑風味的存在。你說，我的咖啡裡有黑李和小荳蔻的調性？我可不這麼認為。

風味的探討充滿爭議，艱深難懂的風味描述常常成為咖啡師和顧客間的一堵牆。但風味本來就不是客觀的存在，風味的認識與許多成因有關，包括基因、個人經歷。我們的基因會影響我們的味覺，像是一些人對苦味較敏感，或是不少人覺得香菜吃起來就像肥皂——有些人比一般人擁有更多味蕾，使得他們普遍對風味更加敏感。又也許，品飲咖啡最重要的其實是我們的味覺記憶。比方說，如果你從來沒有吃過黑李，硬要你在你的咖啡裡找到那個風味就太強人所難了。當安德列在他的咖啡裡喝到水果、裹著糖的穀物麥片，他可能是嚐到了藍莓的調性；只是他對莓果麥片比較熟悉，所以他才會有那樣的聯想。

當然，識別風味的能力並非享受咖啡的必要條件。如果你經常喝咖啡，你很

可能對某些風味就會產生喜好，不需要太有意識地去思考，就能使用自己的語彙去識別那些風味，這樣就夠了。不過，如果你真心想學習如何有意識地品飲咖啡，那就需要練習了。你的味蕾是有可塑性的，但是要更加敏。感則需透過訓練。你喝的吃的越多，你就越可能在咖啡裡察覺那些味道。記得我只能在咖啡 36 味瓶裡找到幾個最熟悉的風味嗎？你對許多味道越熟悉，就越可能在杯中找出他們細微的變化。咖啡師或其他咖啡專家因為每天花上幾個小時在品飲咖啡，所以大幅領先我們。不只如此，他們也花很多時間比較不同的咖啡。如果你同時能有不同的樣本可以互相比較，要找出咖啡裡有什麼差異就會簡單得多。

當然能在一杯咖啡裡找出某個風味不代表你就能將其傳達給別人。我們又回到語言隔閡了，如果我說這杯咖啡讓我想起我阿嬤家的地下室，對於從未去過我阿嬤家地下室的人來說，就不可能了解究竟是什麼味道。這種溝通上的落差總是發生在自家烘焙咖啡館和消費者之間。我曾經看過有自家烘焙咖啡館用一些天馬行空、毫無意義的風味描述（如「秋天的微風」）或是精確到唬人的程度（如「花生脆餅」）。這些都只會讓客人感到困惑，因為他們無法理解秋天的微風喝起來是什麼味道，或是咖啡喝起來根本不像甜點而感到失望。風味描述太常不知所云了，造成客人一開始就有著不正確的期待。

這就是為何我很喜歡美國精品咖啡協會最新、改良版的咖啡風味輪（Coffee Taster' s Flavor Wheel），這個圖表的建立就是為了幫助咖啡專家、科學家、咖啡愛好者，使用共同的語言去形容咖啡的味覺和嗅覺。2016 年初，美國精品咖啡協會做了從 1995 年以來的第一次改版，以因應發展中的感官科學研究。新的詞彙使用了世界咖啡研究室與堪薩斯州立大學感官分析中心（Kansas State University' s Sensory Analysis Center）共同設計的《感官辭

典》（Sensory Lexicon），取代舊有風味輪上老掉牙的術語，讓甚至不在咖啡產業工作的人都能看得懂。《感官辭典》為風味輪上的風味調性（科學家稱為「風味特性」）和香氣提供實際的參考資料，所以任何人都可以自己在家印一份，加強味覺和嗅覺記憶。

最重要的是，風味輪為咖啡烘焙館和客人提供一個可以用共同語言描述風味的機會。理想上，烘焙館可以使用新版風味輪裡的描述，取代他們包裝上那些模糊不清、充滿誤導性的風味筆記。風味描述變得標準化，當兩種不同的咖啡都在風味描述中寫著「葡萄乾」，那他們喝起來就都會有葡萄乾的風味，而且這個風味擁有統一的衡量標準。這聽起來夠棒了吧！但是，風味描述無論在咖啡專家之間或客人和烘焙館之間，其實都還沒有達到這種程度的一致性。因為很可惜地，並非所有烘焙館都採用風味輪，所以語言隔閡仍然存在。不論如何，風味輪提醒著我們去追求理想，在那個理想世界裡，任何風味描述在每個人聽起來都會是一樣的。

我應該再說明一下，咖啡專家在使用標準化語言描述風味時，代表每個人在盲測同一支咖啡時能用一樣的風味描述去形容那杯咖啡。我絕對不是在暗指風味描述都是杜撰或帶有其他意思，只是想表達我們應該有共通語言來描述風味。紅酒產業在這塊就領先很多，經過培訓的侍酒師在紅酒裡找出特色後，就能鉅細靡遺地將之傳達給其他專家，讓其他人可以馬上理解。

新版風味輪也能幫助消費者討論風味。對自己在家沖咖啡的人來說，因為圖上提供許多僅靠印象也能形容出實際風味的字詞，讓人能輕鬆地辨認並解釋自己咖啡裡的味道。以我的例子來看，那杯喝起來像我阿嬤家地下室的咖啡，我就能用風味輪去找出大家比較能理解的描述，像是「發霉味」或「陳舊味」。

將我的描述從個人（阿嬤家地下室）改變成通用（陳舊味），讓我可以和別的咖啡愛好者談論那個風味。咖啡帶來給人的快樂，某部分就是來自於分享。

第一次使用風味輪之前，先熟悉一下這張圖表，從中心最廣泛的類別開始，然後循線向外至外緣是較為詳細的描述。接著，有目的地去嗅聞或品飲你的咖啡。你可以試著在沖煮中各個階段執行這項任務：豆子研磨後、沖煮時、沖煮完成。喝的時候，繞一繞你的舌頭，看看能否察覺任何特定的風味。

歡迎來到風味小鎮

如果你真的對品飲的練習有興趣，可以找找《感官辭典》，咖啡風味輪就是以此為依據。裡面列出所有能夠定義和具有參考價值的風味屬性，都是你在現實世界中能品飲或嗅聞的物品，讓你藉此微調自己的味蕾。Worldcoffeeresearch.org網站上提供免費下載。

如果你聞到或喝到某些熟悉的風味，但是還沒辦法明確指出，就將風味輪拿出來仔細看看。一樣，從中心一般的分類開始。問自己「這喝起來像香料嗎？」或是「這個聞起來甜甜的嗎？」等問題。將注意力放在你的第一印象上，就算好像不太有意義也沒關係。假如你像安德列一樣嚐到裹糖穀物麥片的味道，你也許能夠將其與「甜味」或「水果味」或兩者連結在一起。一旦你認為自己掌握某一個風味或香氣了，再次仔細品飲，重複確認一下。

這本書因為出版的限制，只能將圖表的深淺和線條表現出來。原本的風味輪（見第 198 頁）其實是彩色的設計，讓人們可以使用顏色去連結風味。根據研究結果，設計風味輪的人將每一種風味搭配上最多人認為相關聯的顏色。

咖啡風味輪

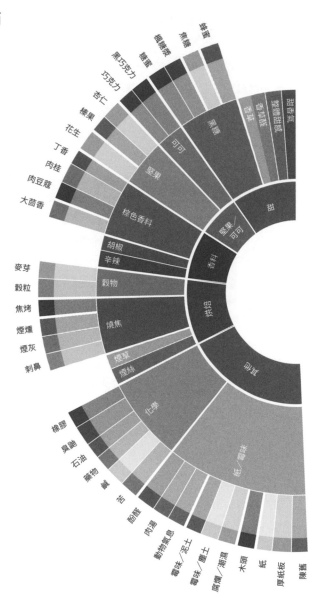

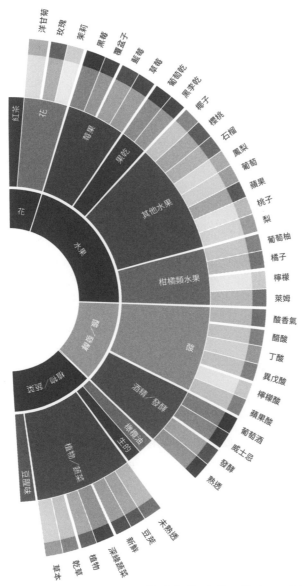

The Coffee Taster's Flavor Wheel was created using the Sensory Lexicon developed by World Coffee Research and is used with permission. All rights reserved, SCA and WCR. Find the full-color version at https://sca.coffee.

所以如果你找不到確切的字詞，但是這杯咖啡喝起來讓你聯想到某種綠色的東西，很有可能這個風味就是屬於「綠色／植物」的分類。咖啡風味輪的設計讓風味描述盡可能具體化，在圖表上層層向外圈移動，就能使用更精準的字詞描述風味或香氣。

第二次使用風味輪時，你可能會發現在每個風味描述之間有著大大小小的間格。就像顏色一樣，這些間格也有其目的性：間隔小代表兩種風味相關性高（如「葡萄乾」和「西梅乾」）。而像是「花生」和「丁香」之間有著較大的間格，就表示這兩種風味之間連結較弱。

我個人認為有了風味輪十分美好，如果烘焙館堅持要將風味描述放在包裝上，他們應該要使用風味輪上的字詞，好讓咖啡愛好者能理解。但是你倒不用勉強自己使用風味輪，如果你用了風味輪但無法從中找到咖啡風味，那就放棄吧！說真的，誰在乎呢？咖啡就該是讓你享受的，如果強迫自己的腦袋去找出根本感受不到的味道，對我來說就像是做白工又無聊的運動罷了。

咖啡品飲聚會

如果能和朋友一起磨練咖啡品飲技巧也會很有趣。如果你和咖啡同好在一個隨性、放鬆的場合，那麼你可能會覺得咖啡更好喝了。

選擇兩種不同的咖啡進行品飲、比較，來開啟你的咖啡品飲聚會。你也可以選擇兩種以上的豆子，但是要注意必須試著在差不多的時間之內沖煮完，所以情況可能很容易不小心失去控制。（這是不需實際操作就能預知的結果。）

那麼要選哪兩種豆子呢？水洗和日曬是個經典的選擇，除此之外你也可以試試來自兩個不同產區的豆子，或是來自相同產區但是烘焙程度不同的豆子，又或是不同的烘焙館，或不同的處理法……有無窮的可能性！

先確定你的沖煮器材（一套或兩套）夠大，能沖出符合人數的量。也許你會需要某種可以保溫的玻璃瓶，或是保溫瓶，好讓你可以沖煮兩支咖啡，又能確保它們的溫度夠高。關鍵在於將兩支咖啡放在一起品飲、比較。在短時間內交叉品飲差異比起仰賴你的記憶要簡單得多。（還有，記得要準備一些蛋糕麵包。這可純粹是為了科學目的！甜甜圈和咖啡之所以這麼合拍可能是有理由的。不過如果你想要好好地品飲咖啡，你可能要在舌頭還很純粹乾淨的時候先嚐過那兩支咖啡，再吃蛋糕麵包。因為這些糕點勢必會影響味覺。你可能在搭配美味的早餐和咖啡時就早已經發現這件事了，但是有意識地在吃糕點的前後去品飲咖啡，會更令你訝異。）

提示

如果你不想為了辦咖啡品飲聚會讓自己搞得一團亂，找間精品手工咖啡館，點兩款不同的手沖咖啡也行。只要記得在客人來之前將咖啡裝在保溫壺裡維持溫度。你可能沒預料到我會教你這麼做，畢竟這是一本講述手工製作咖啡的書，但是這個活動的重點是在於學習如何區分風味，而非如何煮咖啡。

如果你想記錄自己的感想，可以使用下面的表格作為範例。每一種咖啡要喝四次，每一次只專心在四項分類的其中一項。醇厚度、甜感、酸質加在一起會決定一杯咖啡均衡與否。（咖啡永遠都會有些苦，所以你不需要特別辨識

咖啡品飲表

咖啡		
醇厚度		
甜感		
酸質		
風味筆記		
整體印象		

苦味。但是如果是過度的苦味，像是除了苦味喝不到其他東西，那麼你的咖啡可能就是過萃了。）以上三項，每一項都會影響風味在杯中的呈現。你可以先喝一口第一杯咖啡，然後換喝一口第二杯咖啡之後，再往下一個分類。你可能會覺得自己在所有的咖啡裡都找不到甜感，但是兩杯相互比較的話，就可能區分出哪一杯比較甜。直覺通常最準，不過切記如果你在某個分類裡就是察覺不到任何東西，也不需要太勉強，往下一個項目前進就好。

以下是詳細的流程：

- **醇厚度**：第一口，試著專心感受咖啡在你口腔裡的感覺。將咖啡含在嘴裡，繞一繞舌頭。你感覺到它像是水呢？還是比較像全脂牛奶？在你的舌頭上有重量嗎？沙沙的？像奶油般？還是像鮮奶油呢？在你的舌頭或是兩頰是否留下一種包覆感？還是你的口腔感覺很乾淨清爽？口腔裡有沒有哪裡感覺乾燥或是緊縮？

- **甜感**：在品飲甜感之前，深呼吸幾口咖啡迷人的香氣，讓它們包覆你。想想各種甜感表現：水果、糖漿、焦糖、煮過的紅蘿蔔、紅酒、巧克力、堅果……現在，喝一口咖啡，舌頭繞一繞，有沒有讓你想起什麼甜甜的東西？甜感最常和風味連結，而非實際的甜味。咖啡裡的甜感通常極度細膩，而且不是因為加糖來的。而咖啡天生的苦味讓甜感更難被察覺，甜感有時就像一瞬間擦肩而過的感覺。如果你立即反應覺得一杯咖啡「滑順」，那麼它很可能就含有相當程度的甜感。如果你家兩支咖啡放在一起交互品飲，第一杯喝起來感覺尖銳或是咬舌，但第二杯卻不會，那麼第二杯可能就含有較多甜感。

- **酸質**：酸質與甜感不同，酸質可能會重擊你的腦袋，是非常容易察覺的。人們很常將酸質與苦味搞錯，如果你想要避免這個情況，可以試試我在第 252 頁的小提示。酸質常常是種整體的感受或品質，如果咖啡喝起來明亮、有果汁感、令人眼睛一亮、帶著氣泡感，或是讓口腔有尖銳感覺，那可能就是酸質。另一個思考酸質的方式，就是比較咖啡在你口腔裡的感覺，和吃其他酸的食物的感覺：像是沙拉醬、醋、紅酒、蘋果或是柑橘類水果。無論如何，咖啡喝起來都不應該有臭酸感或是令你不悅，如果這種情形發生，那咖啡可能萃取不足。

- **風味筆記**：第四口，專心感受咖啡讓你想起什麼風味。在這個階段，反覆來回地品飲兩杯咖啡會最有效。不管喝到什麼都寫下來，即使是有點無厘頭的形容。你會很驚訝，你的朋友竟然寫下不同但卻有關連的風味筆記。

第六章

沖煮方式

你大概已經發覺到咖啡就像頭多變的野獸，你才剛覺得自己想通了，它的味道就改變了，表現就不一樣了，或是開始不新鮮了⋯⋯它很容易受外在因素影響，從天氣、水，到你迫切的手。沖咖啡的目標就是要能複製美味的成果，否則一點意義也沒有。但是，當你的主要原料好像就是這麼的變化多端、黑暗未知，你要怎麼複製成果呢？你得知道從何下手。

所以這個章節會針對第二章提到的十種器材，提供基本參數和建議的手法。有些器材會提到不只一種手法。而每一種手法都是我和安德列使用不同咖啡豆，透過基本參數多次沖煮校正，直到能穩定沖出好的味道而來。這些參數是好的起手式，你可能會發現它們完全符合你的需求，也可能會發現為了因應你的環境或是喜好，需要多多少少做一些調整。但是一開始我們會提到的資訊如下：

- **基本參數**：每一個手法都會提供我和安德列測試的基本參數，包括研磨粗細度、沖煮比例、溫度、時間。當你想沖得更完美，這些都是可以細細把玩的項目。你可以使用沖煮比例將萃取量拉高或降低，但是就要注意其他像是時間和研磨粗細度等變數也可能需要連帶調整。

- **水**：大部分的參數都要使用煮沸的水，意思是水沸騰後再煮30秒～1分鐘。有一些手法會需要較為確切的溫度。我也要提醒你，準備比參數所需更多的水是「必要」的。我發現在熱水壺裡多裝個幾百克的水真的會方便許多──你可以用多餘的水先將濾器浸濕（我們一直建議這麼做），或是沖煮完就能立即沖洗器材，清潔起來快速簡單。

- **研磨粗細度**：第 29 頁的圖表已經提過有關研磨粗細度的說明，我也另

外列出了我們在測試時使用的 Baratza（型號 Virtuoso）電動磨豆機參數。如果你沒有 Virtuoso 這台磨豆機，在網路上也許可以找到轉換數值——因為 Baratza 的磨豆機就連在自家品牌下各型號之間都沒有一致性的設定。研磨粗細度欠缺標準化，對於在家沖煮咖啡的人來說，實在是最煩人的事情之一了，但是我們無能為力。不過，我們有物理學！至少你可以參考之前提到的磨豆機圖表，調整到最接近的粗細度。

- **器材圖示**：每一種手法都會列出我們建議用來優化沖煮時需要的最低限度器材：可能只有一樣器材（磨盤式磨豆機）、兩樣器材（磨盤式磨豆機、秤），或是三樣器材（磨盤式磨豆機、秤、手沖壺）。這些大致上和第 83 頁的資訊一致，但也有一些有趣的小驚喜。我假設大家的廚房裡都已經有支溫度計了，但是說真的，我認為在家沖煮咖啡時，溫度計並非絕對必要。有些手法強烈建議使用溫度計，我就會畫上相對應的圖示。另外，計時器則隨時需要，我使用手機上的計時器。當然，任何手法你都可以準備完整沖煮吧台需要的所有器材，或者你也可以選擇完全不使用咖啡設備。做自己就好！

磨盤式磨豆機

秤

手沖壺

溫度計

- **克數**：除了那些我不認為用秤有任何幫助的手法（有標識），在大多數的手法上，我一直都強烈建議要使用以公克計數的秤。換句話說，這些參數大部分在制定的時候，都使用秤去測量咖啡粉和水量。但是我知道，有些人還是不相信我說的——廚房用秤擁有可以改變人生的魔法。所以我也加上了美國慣用單位的轉換，不用客氣。切記這些測量數字並不如公克的數字這麼的精準，某些情況下為了方便計算，我只好使用整數。此外，使用體積進行測量在根本上就不具一致性，諸多理由在第一章都已經提過了（第 24 頁）。而且如果你使用體積來測量，在量化沖煮比例時也會有困難。

如果你會好奇，或是很想用既有知識去創造自己的沖煮參數，我在另一頁也提供了一些單位轉換圖表，讓你可以在公制和美國慣用單位之間轉換。再次說明，美國慣用單位都是我四捨五入過的整數。如果你習慣使用毫升來測量水量，那麼你運氣很好，因為一公克的水等於一毫升的水。

最後一項建議：一開始，我建議你先根據你在這本書裡學到的，考慮過後選擇一種沖煮器材就好，直到上手為止。等你充分摸透一種器材，理解其所有的特性，那麼手工沖煮咖啡就會變得簡單、直覺多了。老實說，就算你像我們一樣擁有許多器材，你很可能最常使用的就只有那一兩種。那麼，沖煮愉快囉！

水量轉換表

水（液體盎司）	水（公克）
1	29.57
6	177.42
8	236.56
12	354.84
16	473.12
24	709.68

水（公克）	水（液體盎司）
1	0.03
50	1.7
100	3.4
200	6.8
400	13.5
600	20.3

咖啡豆測量轉換表

咖啡豆（量匙）	咖啡豆（公克）
1	6
2	12
3	18
4	24
5	30
6	36

咖啡豆（公克）	咖啡豆（美國慣用單位）
2	1 茶匙
6	1 湯匙
24	1/4 杯
48	1/2 杯
72	3/4 杯
96	1 杯

法式濾壓壺 The French Press
（或稱為濾壓壺、法壓壺、咖啡壺）

活塞

壺嘴

沖煮容器

濾網

法式濾壓壺8分鐘法

大部分的咖啡書會告訴你，使用法式濾壓壺沖煮咖啡時，要將水注入咖啡粉裡並等待4～5分鐘。我以前也這麼做，但是多虧舊金山鐵球咖啡的咖啡師周尼克（Nick Cho），讓我發現極粗研磨加上較長的浸泡時間（延長至8分鐘）可以沖出更均衡、細緻的咖啡。所以我和安德列將兩種參數都列出來：8分鐘法和5分鐘法，畢竟一大早要沖咖啡，少花一點時間還是有其優勢的。

8分鐘法搭配極粗研磨度效果最佳。首先使用磨豆機上最粗、但是不會磨不均勻的刻度（我們的Virtuoso磨豆機調到最粗時會磨得很不均勻）。

基本參數	**研磨粗細度**：極粗（Baratza Virtuoso 39號）
	沖煮比例：1:14
	水溫：煮沸
	總沖煮時間：8分鐘

材料	**新鮮咖啡原豆28.5克**（1/4杯＋2茶匙）
沖煮400克	**水400克**（13.5液體盎司），視需求增量
（13.5液體盎司）	

方法

1. 將水倒入煮水壺，以中大火加熱，等水沸騰。

2. 水在加熱時，將計時器設定為8分鐘，先不要按下倒數。將咖啡研磨至極粗，倒入法式濾壓壺裡，輕輕搖晃壺身將咖啡粉佈平。將壺放在秤上後扣重歸零。

3. 當水開始煮沸後將煮水壺移開。按下計時，快速但小心地把水倒入法式濾壓壺裡，直到秤顯示**400克**便停止。

4. 當計時器還剩下30～45秒時，用湯匙稍微攪動一下水，讓大部分的咖啡粉往下沉（水的表面還是會浮著一層咖啡細渣）。將活塞放到壺上，但是先不要往下壓。

（翻頁繼續）

5. 等計時器響起，緩慢輕柔地將活塞往下壓。這個步驟要小心，太用力將活塞往下壓會造成不必要的擾動，可能因此釋放出仍在咖啡粉裡的苦澀風味，而毀了一杯均衡的咖啡。

6. 馬上飲用，或是倒入另外的咖啡壺裡，可以用另外準備的熱水先溫熱一下咖啡壺。好好享受！

沖煮提示

這個章節大部分的方法都需要使用計時器。就這個方法（以及法式濾壓壺5分鐘法）而言，使用計時器，等它倒數鈴響會比較簡單。

使用法式濾壓壺最棒的一件事就是可以快速簡單地煮咖啡給很多人喝。但是要記得，雖然大部分的咖啡渣都沉在壺底，你煮出來的咖啡裡還是會有一點沉積物。如果一次倒咖啡給很多人，一杯一杯倒，第一杯裡的咖啡渣會最少，最後一杯則會有很多渣──喝起來不見得好喝。要避免這種情形發生，可以輪流一次倒一點，均勻地倒入每一杯裡。

法式濾壓壺5分鐘法

在家裡做實驗的時候，安德列和我發現在這個手法裡，只用4分鐘或甚至更少，都很難達到一杯風味平衡的咖啡。因為水沒有足夠的時間滲入研磨度較粗的咖啡粉，當然就無法萃取出美味。如果你將磨豆機調細，水又變得太容易穿透粉層，導致咖啡變苦、風味混濁。（不管別人怎麼說，用法式濾壓壺真的不用委屈自己喝又苦又沒特色的咖啡。）於是，我們就定下了5分鐘這個沖煮時間。

除了時間差，5分鐘和8分鐘的主要差別在於攪動手法的不同。同時，因為萃取時間較短，不需要像8分鐘一樣使用極粗的研磨度。

基本參數	**研磨粗細度**：粗（Baratza Virtuoso 34號） **沖煮比例**：1:16 **水溫**：煮沸 **總沖煮時間**：5分鐘

材料 沖煮400克 （13.5液體盎司）	**新鮮咖啡原豆25克**（1/4杯＋1/2茶匙） **水400克**（13.5液體盎司），視需求增量

方法	1. 將水倒入煮水壺，以中大火加熱，等水沸騰。
	2. 水在加熱時，將計時器設定為5分鐘，先不要按下倒數。使用粗研磨度將咖啡磨好，倒入法式濾壓壺裡，輕輕搖晃壺身將咖啡粉佈平。將壺放在秤上扣重歸零。

（翻頁繼續）

3. 當水開始煮沸後將壺移開。按下計時，快速且小心地把水倒入法式濾壓壺裡，直到秤顯示**400克**便停止。

4. 當計時器還剩1分鐘時，用湯匙輕柔地以繞圈方式攪拌大約10次。將活塞放到壺上，但是先不要往下壓。

5. 等計時器響起，緩慢輕柔地將活塞往下壓。這個步驟要小心，太用力地將活塞往下壓會造成不必要的攪動，可能會因此釋放出仍在咖啡粉裡的苦澀風味，而毀了一杯均衡的咖啡。

6. 馬上飲用，或是倒入另外的咖啡壺裡，可以用多準備的熱水先溫熱一下咖啡壺。好好享受！

沖煮提示

如果你想看看不同的沖煮方式會讓同樣的咖啡喝起來有什麼差異，可以用法式濾壓壺搭配其他任何一種手沖方式，拿同一支咖啡來比較。

即使你已經將法式濾壓壺的活塞壓到底，容器底下的咖啡粉仍會持續萃取，所以一旦沖泡好咖啡，就要儘快將咖啡從容器中倒出。

法式濾壓壺冷萃法

冷萃是製作一杯好咖啡最簡單的方式之一。這個方法結合了傳統及一種特殊的法式濾壓壺技巧——我和安德列從詹姆斯·霍夫曼（James Hoffmann，《世界咖啡地圖》作者、2007年世界咖啡大師賽冠軍）那裡學來的（雖然他是用來沖煮熱咖啡而非冰咖啡）。如果你沒有法式濾壓壺，可以用任何一個有蓋的罐子代替。至於將咖啡倒出來時，則輕輕地、小心地將濃縮液倒入濾紙或濾布裡過濾出來，代替法式濾壓壺的濾網。一次冷萃濃縮液稀釋過後可以做出5杯咖啡。你可以根據容器大小，依照下面的比例做出更多咖啡。

基本參數	研磨粗細度：中～粗（Baratza Virtuoso 25號）
	沖煮比例：～1:6
	水溫：冷水（從冰箱拿出來的冰水或過濾水）
	總沖煮時間：12小時

材料	新鮮咖啡原豆96克（1杯）
沖煮600克	冷水600克（20.3液體盎司）
（20.3液體盎司）	

方法

1. 將咖啡粗研磨至中等粗度，倒入法式濾壓壺裡，輕輕搖晃壺身將咖啡粉佈平。加水，將活塞放入，但是不要壓到底，讓濾網剛好碰到咖啡粉就好，使咖啡粉得以浸在水裡。將法式濾壓壺放進冰箱，讓咖啡泡**12個小時**。

（翻頁繼續）

2. 將法式濾壓壺從冰箱拿出，移開蓋子後攪拌3次，只要讓粉開始下沉即可。靜置5～10分鐘，讓剩下較細的粉也往下沉到壺底。接下來放入活塞，但是不要壓到底，讓濾網剛好輕輕碰到咖啡就好。這不是典型的作法，但是將活塞下壓會擾動到這壺完美泡好的冷萃咖啡，將好不容易下沉至壺底的細粉又翻攪上來。反正我們的目的只是要將泡好的冷萃過濾出來，讓咖啡粉不會繼續萃取而已。

3. 小心地將冷萃濃縮液倒入另一個容器裡。要喝的時候使用1:1的比例，加入新鮮的冷水，或是喝喝看再調整。裝在密封罐裡放置冰箱可以保存一至兩週。

愛樂壓 The AeroPress

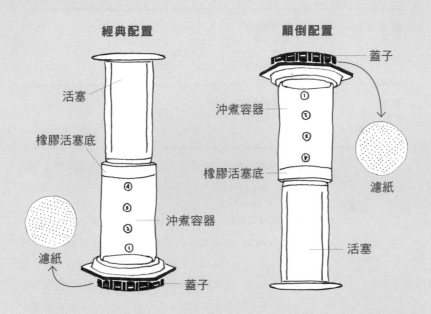

經典配置

- 活塞
- 橡膠活塞底
- ④
- ⑤
- ②
- ①
- 沖煮容器
- 濾紙
- 蓋子

顛倒配置

- 蓋子
- 沖煮容器
- 橡膠活塞底
- 濾紙
- 活塞

愛樂壓經典手法

這是原廠的建議沖煮法，但是不太受到專家青睞。因為使用這個方法時，在將活塞下壓之前，水很容易會從愛樂壓漏出來流進杯子裡。此外，這個方法需要相對較低的水溫，如果沒有電子溫控壺，我的發現水煮沸之後要等好一下子才能到達那個溫度。如果你喝的是中深焙的豆子，你可能要讓溫度下降到華氏175度（約攝氏79.4度），才能獲得良好的萃取。當然你可以在煮沸的過程中不斷測量水溫，不過這就需要一支可夾式溫度計，否則實行上會很困難。

如果想參考更多的參數，可以上「世界愛樂壓大賽」（World Aero-Press Championship）的網站，上面有過去好幾年冠軍的沖煮參數。

基本參數　　　**研磨粗細度**：細（Baratza Virtuoso 6號）
　　　　　　　　　沖煮比例：1:12
　　　　　　　　　水溫：華氏185度（攝氏85度）
　　　　　　　　　總沖煮時間：50～90秒

材料　　　　　**新鮮咖啡原豆11.5克**（2湯匙）／愛樂壓附勺1匙咖啡粉（見提示）
沖煮138克　　　　**水138克**（4.7液體盎司），視需求增量
（4.7液體盎司）

方法　　1. 將水倒入煮水壺，以中大火加熱，等水沸騰後將壺移開
　　　　　　 至一旁降溫。

　　　　　 2. 等待水降溫時，將濾紙放到蓋子裡，再將蓋子放到容器
　　　　　　 上方轉緊。容器放到馬克杯上。用熱水完全潤濕濾紙
　　　　　　 （使用50～60克的水）後，將洗濾紙的水倒掉。如果有
　　　　　　 廚房用秤，將整個愛樂壓放到秤上。使用細研磨度將咖
　　　　　　 啡磨好，利用愛樂壓漏斗小心地將咖啡粉裝進容器裡，
　　　　　　 輕輕搖晃將咖啡粉佈平。漏斗拿開後將秤扣重歸零。

　　　　　 3. 等熱水降到正確溫度，就開始計時，然後快速地將水倒
　　　　　　 入愛樂壓容器裡，直到秤上顯示**138克**，或是當水位升
　　　　　　 高到容器上**刻度2的中間**時停止注水。到這大約花費20
　　　　　　 秒——這邊的動作要迅速，否則水馬上會開始通過咖啡
　　　　　　 粉，滴進杯子裡，害得你的量測失準。使用愛樂壓攪拌
　　　　　　 棒，用畫圈的方式攪拌10秒鐘，確定所有的咖啡粉都浸
　　　　　　 濕。在這個階段，計時器應該顯示**0:30**。

4. 將愛樂壓從秤上拿開，放進活塞。一隻手握住馬克杯和愛樂壓交接的地方，另一隻手放在活塞上，輕輕下壓20～60秒。確保有一隻手放在馬克杯上，避免滑掉。當活塞壓到底（你會聽到嘶嘶聲），計時器應該顯示**0:50～1:30**之間。

5. 將咖啡粉渣丟棄，清洗，好好享受！

沖煮提示

製造廠商的官網上載明一平匙的愛樂壓附勺等於「11.5克的咖啡」，於是我和安德列測試時便使用這樣的量測。但是，在我們的測試中（超過5種不同的咖啡），我們發現一平匙的咖啡豆通常重15～16克，但是一平匙的咖啡粉通常重12～13克，所以如果你沒有秤，要測量的應該就是咖啡粉而非咖啡豆，才會比較接近11.5克。

有些專家認為，愛樂壓必須徹底乾燥才能正確使用。但是活塞在乾燥的愛樂壓裡很難往下壓，會讓你的計時亂掉。所以我在沖煮前習慣潤濕愛樂壓的所有套件，讓下壓容易一點。

愛樂壓顛倒法

這是安德列工作時用的方法，經典法和顛倒法基本上是一樣的，只是在顛倒法裡，進行測量的時候要將愛樂壓倒過來放。這可以防止水在注水完畢之前從蓋子裡滴出來。當然，你在將愛樂壓翻回來的時候要特別小心。如果你沒有秤，我發現在愛樂壓的蓋子裡裝滿咖啡豆，鋪平、不要堆起來，就差不多是這個方法裡用的16克。

基本參數	研磨粗細度：細（Baratza Virtuoso 6號） 沖煮比例：～1:14 水溫：煮沸 總沖煮時間：1分50秒

材料 沖泡220克 （7.4液體盎司）	**新鮮咖啡原豆16克**（2湯匙＋2茶匙）／愛樂壓附勺1匙原豆 **水220克**（7.4液體盎司），視需求增量

方法

1. 將水倒入煮水壺，以中大火加熱，煮到沸騰。

2. 水在加熱的時候，將愛樂壓的蓋子放在馬克杯上（如果馬克杯的尺寸正確，蓋子會剛好掛在上面），再將濾紙放到蓋子裡。將活塞放進容器裡，讓活塞的橡膠底部剛好完全放進容器（應該會剛好在第一個圈圈上方，刻度4的位置），放置一旁。使用細研磨度將咖啡磨好，放置一旁。

3. 熱水開始煮沸後將壺移開。用熱水完全潤濕濾紙（使用50～60克的水）後，將洗濾紙的水倒掉，馬克杯放置一旁。將剛剛準備好的愛樂壓顛倒過來（開口朝上），如果有秤就放在秤上。用愛樂壓漏斗小心地將咖啡粉裝進容器裡，輕輕搖晃將咖啡粉佈平。漏斗拿開後將秤扣重歸零。這時水溫也差不多到適合的溫度了。

4. 悶蒸咖啡：開始計時，將水倒入愛樂壓容器裡，直到秤上顯示**50克**，或是當水位升高到容器上**刻度3的中間**時停止注水。使用愛樂壓攪拌棒，劃十字攪拌一次（上到下，左到右），再繞著容器杯壁劃圈（我發現劃兩次半圈效果最好）。攪拌時要確實將攪拌棒盡量往下伸到底。

5. 攪拌過後直接再注水到秤上顯示**220克**，或是注水直到容器開始向外展開的邊緣。把蓋子鎖上，將愛樂壓從秤上拿開，稍微將容器往上頂，移除蓋子和熱水間隙的空氣，**直到有液體（通常是泡泡）從蓋子上冒出來就停止。**一手握住容器，一手握住活塞，很快速地將愛樂壓顛倒過來，小心不要灑了，然後放到馬克杯上。這時計時器應該顯示**0:50**。

6. 讓咖啡在裡面浸泡，直到計時器顯示**1:20**。接下來一隻手握住馬克杯和愛樂壓交接的地方，另一隻手放在活塞上，輕柔緩慢地下壓，大約30秒，直到計時器顯示1：50。確保有一隻手放在馬克杯上，避免滑掉。

7. 將咖啡粉渣丟棄，清洗，好好享受！

沖煮提示

你可能需要經過多次練習才能確實掌握好操作時間，步驟4～6速度很快，所以你一開始可能會覺得有點手忙腳亂，但是只要多試幾次就能熟能生巧。

聰明濾杯The Abid Clever

濾紙

把手

沖煮容器

蓋子

防漏底座

聰明濾杯法

我們在家測試這個方法的時候，有好幾次水完全沒有辦法過濾，因為只要使用較細的研磨，聰明濾杯就很容易阻塞。另外，我和安德列都認為，聰明濾杯並不適合像法式濾壓壺一樣長時間沖煮（也不需要極粗的研磨度）。部份原因是當熱水接觸濾紙越久，濾紙的味道就越容易跑進咖啡裡。我們在這裡使用的是3分鐘的沖煮時間，能夠帶來均衡的咖啡。

基本參數	研磨粗細度：中～細（Baratza Virtuoso 14號）
	沖煮比例：～1:15
	水溫：煮沸
	總沖煮時間：4分鐘

材料	新鮮咖啡原豆26.5克（1/4杯＋1茶匙）
沖煮400克	水400克（13.5液體盎司），視需求增量
（13.5液體盎司）	

方法

1. 將水倒入煮水壺，以中大火加熱，煮到沸騰。

2. 水在加熱時，以中細研磨度將咖啡磨好，放置一旁。接著擺放好濾紙和濾杯。

3. 熱水開始煮沸後將壺移開。用熱水完全潤濕濾紙（使用50～60克的水）後，將洗濾紙的水倒掉，再將整個器材放到秤上。倒入咖啡粉，輕輕搖晃將咖啡粉佈平，將秤扣重歸零。

4. 悶蒸咖啡：開始計時，以中心繞圓的方式緩慢、均勻地注入**50克**的水，確實浸濕所有的咖啡粉。等計時器上顯示**0:30**，繼續步驟5。

5. 繼續注水，以50分美元大小，在粉層中心繞圈，等秤顯示**400克**時停止。將聰明濾杯蓋起來，讓咖啡持續浸泡直到計時器顯示**3:00**。

（翻頁繼續）

6. 將聰明濾杯放在盛接的容器上就可以取出咖啡。咖啡應該大約花1分鐘時間濾完，此時計時器應該顯示 **4:00**。將濾紙移開丟棄，用剩下多餘的熱水清洗濾杯。好好享受！

沖煮提示

你應該有注意到濾紙底部和聰明濾杯底部之間有一個空間，從側面來看就在楔形濾杯連至杯頸的地方。沖煮最一開始，咖啡液會先卡一些在杯頸，而濾紙將這些咖啡液與其他沾濕了的咖啡粉隔開。如果你悶蒸時太急，最後可能會在這個空隙處留下許多萃取不足的咖啡。這就是為什麼，使用聰明濾杯時的悶蒸水量比其他方法少。

聰明濾杯冷萃法

聰明濾杯似乎是設計來完美沖泡冷萃咖啡的器材：它自身即是一個濾杯、一個容器、還附有蓋子！唯一的缺點在於，它沒辦法像其他器材一樣裝下那麼多咖啡。沖泡400克大概就是極限了。

基本參數　　　　　**研磨粗細度**：中～粗（Baratza Virtuoso 25號）
　　　　　　　　　　　沖煮比例：～1:7
　　　　　　　　　　　水溫：冷水（從冰箱拿出來的冰水或是過濾水）
　　　　　　　　　　　總沖煮時間：15小時

材料　　　　　　　**新鮮咖啡原豆58克**（1/2杯＋2湯匙）
沖煮400克　　　　　　**冷水400克**（13.5液體盎司）
（13.5液體盎司）

方法

1. 將濾紙裝進聰明濾杯裡，充分浸濕濾紙後，將水倒掉。以中粗研磨度將咖啡磨好，倒入聰明濾杯裡，輕輕搖晃將咖啡粉佈平，將水倒入。

2. 蓋上蓋子，移置冰箱。確實放在架子上或是平坦的表面，否則可能會漏出來。讓咖啡浸泡**15小時**。

3. 從冰箱拿出後，將冷萃的濃縮液倒入另外附蓋的容器裡。要喝之前加入新鮮冷水，使用1:5的比例稀釋濃縮液，或是喝喝看再調整。裝在密封罐裡放置冰箱可保存一至兩週。

賽風壺 The Siphon
(真空壺)

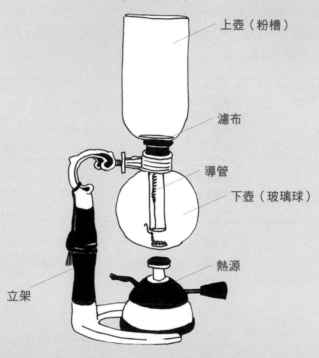

上壺（粉槽）

濾布

導管

下壺（玻璃球）

熱源

立架

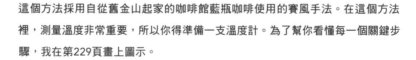

三杯份賽風壺沖煮法

這個方法採用自從舊金山起家的咖啡館藍瓶咖啡使用的賽風手法。在這個方法裡，測量溫度非常重要，所以你得準備一支溫度計。為了幫你看懂每一個關鍵步驟，我在第229頁畫上圖示。

基本參數	研磨粗細度：中～細（Baratza Virtuoso 15號）
	沖煮比例：～1:14
	水溫：華氏202度（約攝氏94.4度）
	總沖煮時間：1分55秒

材料	新鮮咖啡原豆22克（3湯匙＋2茶匙）
沖煮300克	水300克（10.1液體盎司），視需求增量
（10液體盎司）	

方法

1. 如果是使用全新的濾布，先煮沸5分鐘。如果使用的是你已經泡在水裡放置在冰箱的濾布，則將之泡在溫水裡大約5分鐘。準備濾布的同時，將咖啡研磨至中細的程度，放置一旁。將賽風壺立架連同下壺準備好，放在廚房用秤上，扣重歸零，將水加入下壺，直到秤上顯示**300克**。這之後就用不到秤了。

2. 在上壺安裝準備好的濾布，慢慢往下放，讓濾布上的鏈子穿過導管之後，用鏈子末端的鉤子勾住導管。鬆鬆地將上壺插進下壺，斜斜地靠在一旁即可，先不要插緊。（圖A）

3. 開啟熱源。等下壺的水開始沸騰，就將上壺拿直插緊。過一會兒水自然會往上跑，穿過濾布進入上壺。因為導管接觸不到下壺底部，所以下壺會殘留一些水。（圖B）

（翻頁繼續）

4. 將熱源調小。（如果你是用小瓦斯爐，將火力轉到最小。）用速讀溫度計量測上壺水溫，當溫度顯示**華氏202度（約攝氏94度）**時，倒入咖啡粉並啟動計時器。（**圖C**）用攪拌棒或奶油刀迅速將乾燥的咖啡粉壓進水裡，當計時器顯示**0:30**時，開始攪拌正在浸泡的咖啡，攪3下。

5. 當計時器顯示**1:20**時關閉熱源，攪拌10下（**圖D**），這時咖啡會同時從上壺流入下壺。接著下壺的水位停止上升，並且帶有一些泡泡。當計時器顯示**1:55**時，所有咖啡應該要都流入下壺了。

6. 小心地將上壺移開。要做到這點，你得一隻手握穩下壺，因為它可能會轉動。下壺會很燙，可以拿一條廚房抹布包住下壺，再一邊將上壺扭開。靜置一旁待涼（假如你的器材附蓋子，通常蓋子也可以當作底座盛放上壺。）直接從下壺將咖啡倒出後就可以享用了！

沖煮提示

先將水煮沸再倒入下壺，會更省時間。當然你的熱源最終都會將水加熱至沸騰，但是那需要蠻久的時間，而且你還得不斷注意它。如果你用的是熱水，實際上操作器材的時間會大幅縮短。

另外，因為下壺直接放置在熱源上方，倒出來的咖啡會比其他沖煮方式燙。所以在享用之前，要花點時間讓咖啡稍微冷卻。

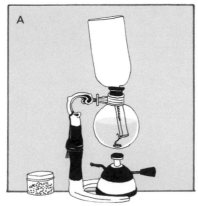

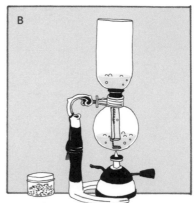

Melitta濾杯

濾紙

提把

觀景窗

盛接容器

Melitta單人份濾杯分段注水法

我們使用Ready Set Joe型號的濾杯做測試，如果你用的是較大容量的型號，可以調高參數以提高萃取量。

基本參數	研磨粗細度：中等（Baratza Virtuoso 20號） 沖煮比例：1:17 水溫：煮沸 總沖煮時間：3分30秒

材料 沖煮400克 （13.5液體盎司）	新鮮咖啡原豆23.5克（1/4杯） 水400克（13.5液體盎司），視需求增量

方法

1. 將水倒入煮水壺，以中大火加熱，煮到沸騰。

2. 水在加熱時，將咖啡研磨至中等粗細，放置一旁。接著擺好濾紙、濾杯、盛接容器。

3. 熱水開始煮沸後將壺移開。用熱水完全潤濕濾紙（使用50～60克的水）後，將洗濾紙的水倒掉，整個器材放到秤上。倒入咖啡粉，輕輕搖晃將咖啡粉佈平，將秤扣重歸零。

4. 悶蒸咖啡：開始計時，以中心繞圓的方式緩慢、均勻地注入**50克**的水，確實浸濕所有的咖啡粉。等計時器上顯示**0:45**，就繼續步驟5。

（翻頁繼續）

5. 第一次分段注水先注入**50克**的熱水，從中間開始，在接下來的10秒鐘內從中心往外繞圓，在這個階段，秤應該顯示**100克**、計時器顯示**0:55**。等15秒。重複3次。每次注入100克，直到秤上顯示**400克**、計時器顯示**2:40**。（見沖煮提示）

6. 讓咖啡流完，應該會花上50秒，計時器顯示**3:30**。將濾紙移除並丟棄，用多餘的水清洗器材，就可以好好享用了！

沖煮提示

想更熟練地駕馭分段注水嗎？

以下是一些準則：

0:45至0:55，100克就停止

1:10至1:30，200克就停止

1:45至2:05，300克就停止

2:20至2:40，400克就停止

BeeHouse濾杯

濾紙

提把

觀景窗

盛接容器

BeeHouse多人份濾杯分段注水法

BeeHouse的設計可以限制水流,所以我認為分段注水法是最簡單的方式。你只要留意均勻地注水即可,注水方式則沒有太大影響。安德列喜歡中央繞圓,我則較善於畫「8」字。當你發現粉層水量下移時,如果靠近濾杯壁的粉牆開始堆積,就快速輕輕地繞著濾杯圓周注水,將咖啡粉推進水裡。

基本參數　　　　研磨粗細度:中〜細(Baratza Virtuoso 14號)
　　　　　　　　　沖煮比例:1:16
　　　　　　　　　水溫:煮沸
　　　　　　　　　總沖煮時間:3分30秒

　　　　　　　　　(翻頁繼續)

材料

沖煮400克
（13.5液體盎司）

新鮮咖啡原豆25克（1/4杯+1/2茶匙）
水400克（13.5液體盎司），視需求增量

方法

1. 將水倒入煮水壺，以中大火加熱，煮到沸騰。

2. 水在加熱時，使用中細研磨度將咖啡磨好，放置一旁。接著擺好濾紙、濾杯、盛接容器。

沖煮提示

想更熟練地駕馭分段注水嗎？

以下是一些準則：

0:45至0:55，100克就停止

1:10至1:30，200克就停止

1:45至2:05，300克就停止

2:20至2:40，400克就停止

3. 熱水煮沸後將壺移開。用熱水完全潤濕濾紙（使用50～60克的水）後，將洗濾紙的水倒掉，整個器材放到秤上。倒入咖啡粉，輕輕搖晃將咖啡粉佈平，將秤扣重歸零。

4. 悶蒸咖啡：開始計時，以中心繞圓的方式緩慢、均勻地注入**50克**的水，確實浸濕所有的咖啡粉。等計時器上顯示**0:45**，就繼續步驟5。

5. 第一次分段注水先注入50克的熱水，從中間開始，在接下來的10秒鐘內從中心往外繞圓，在這個階段，秤應該顯示**100克**、計時器顯示**0:55**。等15秒。重複3次。每次注入100克，直到秤上顯示**400克**、計時器顯示**2:40**。（見沖煮提示）

6. 咖啡流完應該會花上50秒，計時器顯示**3:30**。將濾紙移除並丟棄，用多餘的水清洗器材，就可以好好享用了！

凡客壺Walküre

上蓋

注水層

沖煮容器

陶瓷濾網

手把

壺嘴

盛接容器

中型凡客壺沖煮法

使用這個器材沖煮時不需要太多注水技巧，只要瞄準注水層的中心點即可。不過凡客壺也和其他器具一樣，緩慢、穩定的注水絕對有好處。它的沖煮容器有點小，水很容易溢出。我另外發現，凡客壺在悶蒸時注水要快，因為悶蒸似乎會影響咖啡粉在沖煮容器裡的狀態。如果悶蒸注水太慢，就會無法控制接下來的萃取時間。還有，凡客壺是白瓷做的，保溫效果非常好，以致器材本身也相當燙，所以倒的時候要特別小心！

基本參數	**研磨粗細度**：中等（Baratza Virtuoso 20號）
	沖煮比例：1:17
	水溫：煮沸
	總沖煮時間：3分45秒

材料
沖煮350克
（11.8液體盎司）

新鮮咖啡原豆20.5克（3湯匙＋1/2茶匙）
水350克（11.8液體盎司），視需求增量

方法

1. 將水倒入煮水壺，以中大火加熱，煮到沸騰。

2. 水在加熱時，將咖啡研磨至中度，放置一旁。接著擺好盛接容器、沖煮容器、注水層。

3. 熱水開始煮沸後將壺移開。直接將水倒入注水層中心，先預熱器材。將預熱的水倒掉，整個器材放到秤上。倒入咖啡粉至沖煮容器中，輕輕搖晃將咖啡粉佈平，放上注水層，將秤扣重歸零。

4. 悶蒸咖啡：開始計時，快速地直接對著注水層的中心倒入**45克**的水，注水時間不應超過10秒，讓咖啡悶蒸，直到等計時器上顯示**0:40**。

5. 開始不斷水注水，越慢越好，等秤顯示**350克**、計時器顯示**3:00**時停止。如果你使用的是手沖壺，應該可以讓注水緩慢到使注水層「唱歌」。這是個好現象。等沖煮容器水滿了（注水層的孔洞會冒出一圈泡泡及淡棕色液體），停頓一下，讓沖煮容器內的咖啡往下流。如果你的注水夠緩慢、研磨粗細度也正確，應該會需要停頓2～3次。

6. 讓咖啡流完，應該會花上30～45秒，計時器顯示**3:45**。用多餘的水清洗器材，立刻好好享用！

沖煮提示

有時後在組好凡客壺、將咖啡粉倒入沖煮容器時，可能有一些粉會掉進底下的盛接容器裡。你可以在沖煮前將這些咖啡粉清理乾淨，或是在將沖煮容器放到盛接容器上方之前，先將咖啡粉佈平。

這個器材的所有套件都是剛好可以彼此接合的，記得在倒咖啡之前，先將沖煮容器、注水層從盛接容器上移開，然後再蓋上蓋子。如果不將上述套件先移開，咖啡會很難倒。

此外，這個器材會讓細粉通過，所以倒咖啡的時候，要比照法式濾壓壺的方法（見第212頁）。

Kalita蛋糕（波浪狀）濾杯

濾紙

平底

提把

盛接容器

Kalita蛋糕（波浪狀）濾杯手沖法

這個沖煮方法是我和安德列參考手工咖啡先驅喬治·豪爾的方法而來。雖然普遍來說，使用這個器材時通常會採不斷水注水法，但是我喜歡分段注水。由於我將悶蒸視為第一段注水，所以記得注水的節奏也要跟著悶蒸的情況調整，例如若今天使用超級新鮮的豆子，那麼就要拉長悶蒸時間。另外，Kalita蛋糕型濾紙的邊緣有點軟，所以盡量不要直接對著濾紙邊緣注水（無論是潤濕濾紙或沖煮時），否則濾紙可能會歪掉變形，一切就毀了。

基本參數	**研磨粗細度**：中等（Baratza Virtuoso 18號）
	沖煮比例：1:17
	水溫：煮沸
	總沖煮時間：3分45秒

材料	**新鮮咖啡原豆23.5克**（1/4杯）
沖煮400克	**水400克**（13.5液體盎司），視需求增量
（13.5液體盎司）	

方法

1. 將水倒入煮水壺，以中大火加熱，煮到沸騰。

2. 水在加熱時，將咖啡研磨至中等粗細，放置一旁。接著擺好濾紙、濾杯、盛接容器。

3. 熱水開始煮沸後將壺移開。用熱水完全潤濕濾紙（使用50～60克的水）後，將洗濾紙的水倒掉，整個器材放到秤上。倒入咖啡粉，輕輕搖晃將咖啡粉佈平，將秤扣重歸零。

4. 悶蒸咖啡：開始計時，以中心繞圓的方式緩慢、均勻地注入**50克**的水，確實浸濕所有的咖啡粉。等計時器上顯示**0:35**，就繼續步驟5。

（翻頁繼續）

**KALITA蛋糕
（波浪狀）濾杯
手沖法**

（接續前頁）

5. 第一次分段注水先注入100克的熱水，從中間開始，在接下來的15秒內從中心往外緩慢地繞圓，在這個階段，秤應該顯示**150克**、計時器顯示**0:50**。等10秒。重複5次。每次注入50克，直到秤上顯示**400克**、計時器顯示**3:00**。（見沖煮提示）

6. 讓咖啡流完，應該會花上45秒。將濾紙移除並丟棄，用多餘的水清洗器材，就可以好好享用了！

沖煮提示

想更熟練地駕馭分段注水嗎？

以下是一些準則：

0:35至0:50，150克就停止

1:00至1:15，200克就停止

1:25至1:40，250克就停止

1:50至2:05，300克就停止

2:15至2:30，350克就停止

2:45至3:00，400克就停止

Chemex

濾紙

壺嘴

導流槽／空氣通道

漏斗

木製頸環

盛接容器

六杯份Chemex手沖法

浸濕濾紙這道步驟，在使用Chemex時比起其他器材都要來的重要，因為
Chemex濾紙較厚，會比其他濾紙的紙味更明顯，所以要先用水沖淡。而且，讓
濕濾紙緊貼在濾杯邊緣是Chemex的設計之一：可以調節氣流。如果有充分浸濕
濾紙，你應該可以在不讓水流出來的情況下，將水從壺嘴注入。

基本參數	研磨粗細度：中～細（Baratza Virtuoso 17號）
	沖煮比例：～1:16
	水溫：煮沸
	總沖煮時間：3分45秒

材料	新鮮咖啡原豆31克（1/4杯＋1湯匙）
沖煮500克	水500克（16.9液體盎司），視需求增量
（16.9液體盎司）	

方法

1. 將水倒入煮水壺，以中大火加熱，煮到沸騰。

2. 水在加熱時，以中細研磨度將咖啡磨好，放置一旁。接著擺好濾紙、盛接容器。

3. 熱水開始煮沸後將壺移開。用熱水完全潤濕濾紙（使用50～60克的水）後，將洗濾紙的水倒掉，整個器材放到秤上。倒入咖啡粉，輕輕搖晃將咖啡粉佈平，將秤扣重歸零。

4. 悶蒸咖啡：開始計時，以中心繞圓的方式緩慢、均勻地注入**70克**的水，確實浸濕所有的咖啡粉。這大約要花至少20秒，等計時器上顯示**0:45**，就繼續步驟5。

5. 繼續緩慢地對著粉層中心，以一個錢幣的大小注水，直到秤顯示**200克**為止（注水的速度會比悶蒸快些）。快速繞著咖啡粉層外圈繞兩圈，小心不要沖到器材邊緣。繼續對著粉層中心以一個錢幣的大小繞圓注水，直到秤顯示**400克**為止。在這個階段，計時器應該顯示**2:00**。再次快速繞咖啡粉層外圈一圈，小心不要沖到器材邊緣。繼續對著粉層中心以一個錢幣的大小繞圓注水，到秤顯示**500克**、計時器顯示**2:30**為止。

6. 讓咖啡流完，應該會花上75秒，計時器最後顯示
   3:45。將濾紙移除並丟棄，就可以好好享用了！

沖煮提示

不論濾紙的形狀為何，較多層的那一邊都要放在Chemex
導流槽的那一側。多層濾紙即使濕了也很強韌，可以避
免濾紙凹陷而阻隔了壺嘴的氣流。

Hario V60

濾紙

特色溝槽

提把

盛接容器

V60二號濾杯連續手沖法

這是安德列工作時用來調整V60的起始參數和手法,經過實際試驗。這個方式從未讓他失誤過。但是,請理解這個特定的手法如果沒有手沖壺,幾乎是不可能辦到的,因為手沖壺可以幫你注水時一邊繞圓、又一邊避免沖刷到濾杯的邊緣,讓水不會繞過大部分的粉層往旁邊流走。

基本參數	**研磨粗細度**：中～細（Baratza Virtuoso 17號） **沖煮比例**：1:17 **水溫**：煮沸 **總沖煮時間**：3分30秒

材料 沖煮400克 （13.5液體盎司）	**新鮮咖啡原豆23.5克**（1/4杯） **水400克**（13.5液體盎司），視需求增量

方法	1. 將水倒入煮水壺，以中大火加熱，煮到沸騰。

2. 水在加熱時，以中細研磨度將咖啡磨好，放置一旁。接著擺好濾紙、濾杯和盛接容器。

3. 熱水開始煮沸後將壺移開。用熱水完全潤濕濾紙（使用50～60克的水）後，將洗濾紙的水倒掉，整個器材放到秤上。倒入咖啡粉，輕輕搖晃將咖啡粉佈平，將秤扣重歸零。

4. 悶蒸咖啡：開始計時，以中心繞圓的方式非常緩慢、均勻地注入**60克**的水，確實浸濕所有的咖啡粉。這大約要花至少20秒，等計時器上顯示**0:45**，就繼續步驟5。

5. 繼續緩慢地對著粉層中心，以一個錢幣的大小注水，直到秤顯示**200克**為止。快速繞著咖啡粉層外圈繞兩圈，小心不要沖到器材邊緣。繼續對著粉層中心以一個錢幣的大小繞圓注水，到秤顯示**300克**為止。

（翻頁繼續）

在這個階段，計時器應該顯示**2:00**。再次快速繞咖啡粉層外圈一圈，小心不要沖到器材邊緣。繼續對著粉層中心以一個錢幣的大小繞圓注水，到秤顯示**400克**、計時器顯示**2:30**為止。

6. 讓咖啡流完，應該會花上1分鐘，計時器最後顯示**3:30**。將濾紙移除並丟棄，用多餘的熱水清洗一下器材，就可以好好享用了！

V60二號濾杯手沖法（無手沖壺）

我們在研究、測試時，安德列和我從同克斯（Tonx，一家被藍瓶咖啡收購的咖啡訂閱服務公司）那裡發現一個很棒的V60手法，很適合那些沒有手沖壺的朋友。我們將它改良後紀錄在此。對很多人來說，V60不使用手沖壺可能難以置信，但是相信我，這個器材本身就有無限的潛力。

基本參數

研磨粗細度：中～細（Baratza Virtuoso 16號）
沖煮比例：～1:15
水溫：煮沸
總沖煮時間：3分鐘或更短

材料
沖煮400克
（13.5液體盎司）

新鮮咖啡原豆26.5克（1/4杯＋1茶匙）
水400克（13.5液體盎司），視需求增量

方法

1. 將水倒入煮水壺，以中大火加熱，煮到沸騰。

2. 水在加熱時，以中細研磨度將咖啡磨好，放置一旁。接著擺好濾紙、濾杯和盛接容器。

3. 熱水開始煮沸後將壺移開。用熱水完全潤濕濾紙（使用50～60克的水）後，將洗濾紙的水倒掉，整個器材放到秤上。倒入咖啡粉，輕輕搖晃將咖啡粉佈平，將秤扣重歸零。

4. 悶蒸咖啡：開始計時，以中心繞圓的方式非常緩慢、均勻地注入**60克**的水，確實浸濕所有的咖啡粉。等計時器上顯示**0:30**，就繼續步驟5。

5. 從咖啡粉層中心由內而外小小地繞圓，然後繼續往回繞圈注水，將咖啡粉往外推，到秤顯示**400克**為止。在這個階段，計時器應該顯示**1:30**。如果在倒到預計水量之前，濾杯裡的水就滿了，稍等一下讓水流下去，但是仍盡量持續注水。

6. 讓咖啡流完，應該會花上1分鐘，計時器最後顯示**3:00**或以內。在整個過程中，濾紙壁應該要有一層厚厚的粉牆。如果粉牆被沖刷掉，下次就要更小心不要沖到濾杯邊緣。將濾紙移除並丟棄，用多餘的熱水清洗一下器材，就可以好好享用了！

附錄

解決問題、提示、訣竅

這個篇幅可以當作一個指南,解決你在家沖煮時最可能會遇到的問題。要記得,所有基本的細節都需要時間微調,才能讓咖啡喝起來是你想要的味道。今天用一種方式煮得好喝,並不表示明天用同一種方式也可行;今天用這支豆子可行,不代表換支豆子也會有好結果。當你在調整參數時,記得一次只改變一項就好。不然你會無法判斷後來的結果究竟是什麼改變造成的。

太淡（薄／稀）

這可能表示你的沖煮比例跑掉了，水太多、咖啡粉太少，讓整杯咖啡的醇厚度太薄，或是口感太稀。試試這麼做：

1. **增加粉量**：技術上來說，你也可以將沖煮比例裡的水量調低，但是我假設你不想最後沖出來的咖啡太少，所以將粉量提高、增加咖啡粉會是比較簡單的作法。如果你用的是我的沖煮比例，那麼每次只要增加半克應該很快就能找到理想比例。

2. **將磨豆機調細**：如果你的咖啡喝起來不只稀薄，嚐起來還過酸的時候再做這項調整，因為那表示你的研磨粗細度太粗了。

太濃（厚／重）

這可能表示你的沖煮比例跑掉了，咖啡粉太多、水太少，讓整杯咖啡的醇厚度太厚，或是口感太重。試試這麼做：

1. **降低粉量**：技術上來說，你也可以將沖煮比例裡的水量調高，但是我假設你不想最後沖出來的咖啡太多，所以將粉量降低、減少咖啡粉會是比較簡單的作法。如果你用的是我的沖煮比例，那麼每次只要增加半克應該很快就能找到理想比例。

太酸（酸臭）

這可能表示你的沖煮萃取不足──水和咖啡接觸的時間不夠久，沒辦法將它所有的風味分子萃取出來。（也可能你的咖啡沖煮恰當，只是你不喜歡太明

亮的酸質。如果是這樣，你能做得不多，只能當作下次的參考。活到老學到老！）要小心有些人會搞不清楚酸與苦，這是兩件事，這邊提供的方法並沒有辦法解決這個問題。如果你覺得情況是分不清楚酸和苦，那試試看第 183 頁的品飲提示，教教自己如何分辨酸質。如果不是，那我們就試著不要沖得那麼酸。試試以下一項或多項作法：

1. **降低粉量**：用少一點咖啡能讓水有多一點機會萃取。不過這會讓咖啡的醇厚度變低，如果你對於這杯咖啡的口感已經感到滿意（不會太稀薄、也不會太厚重），那就跳過這項調整。而如果你決定要降低粉量，每次只要減少半克就好。

2. **將磨豆機調細**：只有在醇厚度已經進入好球帶，而且你不想要改變醇厚度的時候才做這項調整。將磨豆機調細時，一次只調一點點，因為這項調整通常會增加粉水接觸時間，並讓細粉變多，使得萃取較為容易。調整幅度太大的話，咖啡容易變混濁。

3. **降低悶蒸水量**：只有在手沖時才使用這項調整。降低悶蒸水量讓一開始流入下壺的水變少。記得咖啡最酸的物質是最先被萃取出來的（見第 16 頁），降低悶蒸水量就表示減少咖啡流入下壺的酸質。每次水量只要減少半克就好。

4. **增加粉水接觸時間**：接觸時間越長表示萃取越充足。這項調整用於浸泡式的萃取手法比較適合。（對手沖而言，較慢的注水不僅會增加接觸時間，還會有一連串不同的效果，使得結果變得難以預測。）

5. **增加擾動**：擾動可以幫助咖啡萃取。就浸泡式萃取而言，較多擾動表示增加攪拌；就手沖萃取而言，分段注水時可以利用多一段間隔來增加擾動。不斷水注水法要增加擾動則較為困難。另外也要注意，增加擾動可能會讓風味變濁，使得咖啡喝起來乾淨度較低（或是較濃）。

6. **提高溫度**：如果使用密度很高（高海拔種植環境）的淺焙豆，且／或使用低溫沖煮手法，那麼可以試著提高水溫。高密度和低溫會讓咖啡裡的可溶固體較難溶解，所以較高的溫度會有所幫助。

太苦

這可能表示你的沖煮過萃了——水和咖啡接觸的時間太久，將它所有的風味分子萃取出來了。所有的咖啡都會苦，但是現在提到的是過度、不愉悅的苦味。我們不要沖得那麼苦，試試這樣做：

1. **增加粉量**：用多一點咖啡能減少水萃取的機會。不過這會讓咖啡的醇厚度變高，如果你對於這杯咖啡的口感已經感到滿意（不會太稀薄、也不會太厚重），那就跳過這項調整。如果你決定要降低粉量，每次只要增加半克就好。

2. **將磨豆機調粗**：只有在醇厚度已經進入好球帶，而且你不想要改變醇厚度的時候才這麼做。將磨豆機調粗時，一次只要調一點點，因為這項調整通常會降低粉水接觸時間，而且粗粉較多會使得萃取較為不易。你不會想要過度調整，結果得到一杯萃取不足的咖啡吧！

3. **增加悶蒸水量**：只有在手沖時才使用這項調整。增加悶蒸水量讓一開始

流入下壺的水變多。記得咖啡最酸的物質是最先被萃取出來的（見第 16 頁），增加悶蒸水量就表示增加咖啡流入下壺的酸質，以用來平衡苦味。每次水量只要增加半克就好。

4. **減少粉水接觸時間**：接觸時間越短表示萃取越少。這項調整用於浸泡式的萃取手法比較適合。（對手沖而言，較快的注水不僅會減少接觸時間，還會有一連串不同的效果，使得結果變得難以預測。）

5. **增加悶蒸時間**：如果你的咖啡很新鮮，裡面含有很多二氧化碳的話，二氧化碳是苦的。這表示你可以增加悶蒸時間，因為較長的悶蒸排氣可以確保二氧化碳盡量排出，不會進到你的咖啡裡。但是每次調整的悶蒸時間不要超過 5 秒。感到困惑時，可以觀察悶蒸膨脹時的氣泡量。

6. **減少擾動**：擾動可以幫助咖啡萃取。就浸泡式萃取而言，較少擾動表示較少攪拌；就手沖萃取而言，分段注水時要減少一段。至於不斷水注水法，可以試著緩緩地注水。

7. **降低溫度**：如果你使用密度較低（低海拔種植環境）的中深焙豆，且／或是使用高溫沖煮手法，那麼可以試著降低水溫。低密度和高溫會讓咖啡裡的可溶固體較容易溶解，所以降低溫度有助減緩萃取。

澀感

出現澀感或是像吃了未熟水果時留在舌頭上的乾燥感，很有可能是過萃所導致。請參考「太苦」段落（前頁）。

包覆感

如果感覺口腔裡被一層東西包覆住，感覺油油的，就表示醇厚度可能太厚重了。換句話說，咖啡太濃了。請參考「太濃」段落（第 249 頁）。

粉末感

兩頰內側有粉粉的感覺（感受不在舌頭上），這是苦味感受的指標，通常表示你的粉磨得太細了。這時候在試著增加粉量之前，可以先試著將磨豆機調粗。更多資訊可以參考「太苦」段落（第 251 頁）。

焦苦感

這是咖啡過萃的表示，更多資訊可以參考「太苦」段落（第 251 頁）。另外也可能是較深焙的咖啡帶來的質地是你不喜歡的，那麼你能做得不多，只能將自己的喜好記錄下來留作日後參考。如果你使用的是將咖啡粉和水一起煮沸的沖煮方式，那麼咖啡可能真的是被煮焦了。

風味呆板

這是咖啡「太濃」（第 249 頁）的表示，有時候醇厚度很高的咖啡，就算在你的口腔裡不會覺得太厚重，但是在風味表現上仍會有點呆板。醇厚度的確可能將你本來能感受到的風味蓋掉。如果風味似乎稍縱即逝，或是你覺得自己好像喝到什麼味道但是若有似無，那就可能是咖啡太濃了。假設你的咖啡喝起來很平淡、缺少複雜度，可能是豆子放太久、不新鮮了。若你在悶蒸的時候咖啡沒什麼膨脹（或是完全沒有膨脹），也很可能是咖啡不新鮮了。

像泥巴的咖啡粉床

這表示你的咖啡磨得太細了，咖啡很有可能過萃，更多資訊可以參考「太苦」段落（第 251 頁）。如果你屢試不爽，仍繼續遇到同樣的問題，那麼很可能是磨豆機裡的磨盤已經被磨平了。

過濾太慢

這與你的手沖手法可能有關係，如果你感覺水流過咖啡粉床像是要花上一輩子的時間，那就是研磨粗細度可能太細了，試著將磨豆機調粗吧。另一個可能是濾器被細粉堵住了。如果你的濾器內側都沒有咖啡粉（咖啡粉牆消失），那很可能是你在注水時沖到器材太邊緣，導致大量細粉下移到底部造成阻塞。要避免這個情形，注水時應盡量注意不要太靠近杯壁。

過濾太快

這與你的手沖手法可能有關係，假設你已經盡可能地緩慢注水，但是咖啡仍很快就從粉層濾出，那就是研磨粗細度可能太粗了，試著將磨豆機調細吧！

參 考 文 獻

All About Coffee
by William H. Ukers

Atlas Coffee Importers
www.atlascoffee.com

*The Blue Bottle Craft of Coffee:
Growing, Roasting, and Drinking,
with Recipes*
by James Freeman and Caitlin Freeman

Blueprint Coffee
https://blueprintcoffee.com

Boxcar Coffee Roasters
www.boxcarcoffeeroasters.com

Brandywine Coffee Roasters
www.brandywinecoffeeroasters.com

Café Imports
www.cafeimports.com

Cat and Cloud podcast
www.catandcloud.com/pages/podcast

Christopher H. Hendon
http://chhendon.github.io

Coffee Chemistry
www.coffeechemistry.com

Coffee Research
www.coffeeresearch.org

Coffee Review
www.coffeereview.com

Colectivo Coffee Roasters
www.colectivocoffee.com

Counter Culture Coffee
www.counterculturecoffee.com

Fresh Cup Magazine
www.freshcup.com

Gaslight Coffee Roasters
www.gaslightcoffeeroasters.com

George Howell Coffee
www.georgehowellcoffee.com

Halfwit Coffee Roasters
www.halfwitcoffee.com

Heart Coffee Roasters
www.heartroasters.com

Houndstooth Coffee
www.houndstoothcoffee.com

*How to Make Coffee: The Science
Behind the Bean*
by Lani Kingston

Huckleberry Roasters
www.huckleberryroasters.com

Intelligentsia Coffee
www.intelligentsiacoffee.com

International Coffee Organization
www.ico.org

Ipsento Coffee
www.ipsento.com

Madcap Coffee
www.madcapcoffee.com

Metric Coffee
www.metriccoffee.com

National Coffee Association USA
www.ncausa.org

Onyx Coffee Lab
www.onyxcoffeelab.com

Opposites Extract
www.oppositesextract.com

Panther Coffee
www.panthercoffee.com

Passion House Coffee Roasters
www.passionhousecoffee.com

Perfect Daily Grind
www.perfectdailygrind.com

Portola Coffee Roasters
www.portolacoffeelab.com

Prima Coffee Equipment
www.prima-coffee.com

Ritual Coffee Roasters
www.ritualroasters.com

Roast Magazine
www.roastmagazine.com

The Roasters Guild
www.roastersguild.org

Ruby Coffee Roasters
www.rubycoffeeroasters.com

Sightglass Coffee
https://sightglasscoffee.com

Specialty Coffee Association
https://sca.coffee/

Specialty Coffee Association of Panama
www.scap-panama.com

Sprudge
www.sprudge.com

Spyhouse Coffee Roasters
https://spyhousecoffee.com

Stumptown Coffee Roasters
www.stumptowncoffee.com

Sump Coffee
www.sumpcoffee.com

Supremo Coffee
www.supremo.be

Uncommon Grounds: The History of Coffee and How It Transformed Our World
by Mark Pendergrast

USDA Foreign Agricultural Service
https://gain.fas.usda.gov

USDA National Agricultural Statistics Service
www.nass.usda.gov

Variety Coffee Roasters
www.varietycoffeeroasters.com

Water for Coffee
by Maxwell Colonna-Dashwood and Christopher H. Hendon

The World Atlas of Coffee: From Beans to Brewing—Coffees Explored, Explained and Enjoyed
by James Hoffman

World Coffee Research
www.worldcoffeeresearch.org

Wrecking Ball Coffee Roasters
www.wreckingballcoffee.com

索引

標示粗體的頁碼表示有沖煮參數

感 謝

首先，我要謝謝我的先生、獨立咖啡師、我的咖啡導師：安德列・威爾弗。他不僅為這個計畫提供所有的觀點和努力，更付出了無盡的包容與耐心。同時，特別感謝所有提供我品飲心得和協助測試的朋友，尤其是賈桂琳（Jacqueline）、迪德利（Dierdre）、海蓮娜（Helena）和摩根（Morgan），他們各自的專長和熱情幫助催生了這本小小的咖啡書。我要對摩根再次道謝──謝謝你！謝謝你為這本書繪製所有的插圖，太完美了。我也要大大感謝我的編輯阿曼達・布蘭納（Amanda Brenner），她不厭其煩地幫助我馴服這頭野獸。還有我的出版商，同時也是我的咖啡玩伴的道格・賽博（Doug Seibold），他對這項計畫抱有信念，比我還早相信我能寫完。我也對一路上遇到的咖啡專家致上最誠摯的感謝，尤其是喬・摩洛哥（Joe Marrocco），慷慨地給予我他的時間和知識。還有崔佛斯（Travis）、卡蜜拉（Kamila）、傻瓜咖啡、蟲洞咖啡，謝謝他們的支持和祝福！當然也要謝謝我的朋友：尤其感謝我創意寫作班的同學，他們的成功和野心激勵了我，讓我將自己疲軟無力的身體從沙發上硬拖起來去坐在椅子上打字，就算什麼都寫不出來，至少知道他們在背後支持我。貝里（Bailey）真的幾十年來不只聆聽，甚至參與、協助我將瘋狂的故事成真。維多利亞（Victoria）的智慧和率直總能立即終結我不安的輪迴。最後，也是最重要的，我要謝謝我的家人，他們一直充滿熱情與支持，我的父母，即使他們不喝咖啡，甚至不喜歡咖啡，都仍願意閱讀這本長篇書籍，這絕對是真愛！

VV0092

精萃咖啡

深入剖析10種咖啡器材，自家沖煮咖啡玩家最佳指南

原書名	Craft Coffee: A Manual; Brewing a Better Cup at Home
作者	潔西卡‧伊斯托（Jessica Easto）
	安德列‧威爾弗（Andreas Willhoff）
譯者	盧嘉琦
總編輯	王秀婷
責任編輯	張成慧
版權	張成慧
行銷業務	黃明雪
發行人	涂玉雲
出版	積木文化
	104台北市民生東路二段141號5樓
	電話：(02) 2500-7696｜傳真：(02) 2500-1953
	官方部落格：www.cubepress.com.tw
	讀者服務信箱：service_cube@hmg.com.tw
發行	英屬蓋曼群島商家庭傳媒股份有限公司城邦分公司
	台北市民生東路二段141號11樓
	讀者服務專線：(02) 25007718-9
	24小時傳真專線：(02) 25001990-1
	服務時間：週一至週五09:30-12:00、13:30-17:00
	郵撥：19863813｜戶名：書蟲股份有限公司
	網站：城邦讀書花園｜網址：www.cite.com.tw
香港發行所	城邦（香港）出版集團有限公司
	香港灣仔駱克道193號東超商業中心1樓
	電話：+852-25086231｜傳真：+852-25789337
	電子信箱：hkcite@biznetvigator.com
馬新發行所	城邦（馬新）出版集團Cite (M) Sdn Bhd
	41, Jalan Radin Anum, Bandar Baru Sri Petaling,
	57000 Kuala Lumpur, Malaysia.
	電話：(603) 90578822
	傳真：(603) 90576622
	電子信箱：cite@cite.com.my
美術設計	郭家振
製版印刷	中原造像股份有限公司

國家圖書館出版品預行編目 (CIP) 資料

精萃咖啡 / 潔西卡．伊斯托 (Jessica Easto),
安德列．威爾弗 (Andreas Willhoff) 著；盧嘉
琦譯. -- 初版. -- 臺北市：積木文化出版：家庭
傳媒城邦分公司, 2020.03
272 面 ;14.8x21 公分
譯自：Craft coffee : a manual;brewing a
better cup at home
ISBN 978-986-459-223-4(平裝)

1. 咖啡

427.42　　　　　　　　　　　109002890

2020年3月30日 初版一刷 Printed in Taiwan.

售價	550元
ISBN	978-986-459-223-4
版權所有‧翻印必究	